시민 과학자
다카기 진자부로 선생님의

원소
이야기

SHINPAN, GENSO NO SHOJITEN
By Jinzaburo Takagi
1999, 2000 by Kuniko Takagi

Originally published in 1999 by Iwanami Shoten, Publishers, Tokyo.
This Korean edition published 2020 By Nermerbooks, Seoul
by arrangement with Iwanami Shoten, Publishers, Tokyo
through BC Agency, Seoul.

시민 과학자
다카기 진자부로 선생님의

원소
이야기

다카기 진자부로 글 | 최진선 옮김
한문정 감수 | 정인성·천복주 그림

너머학교

주기율표

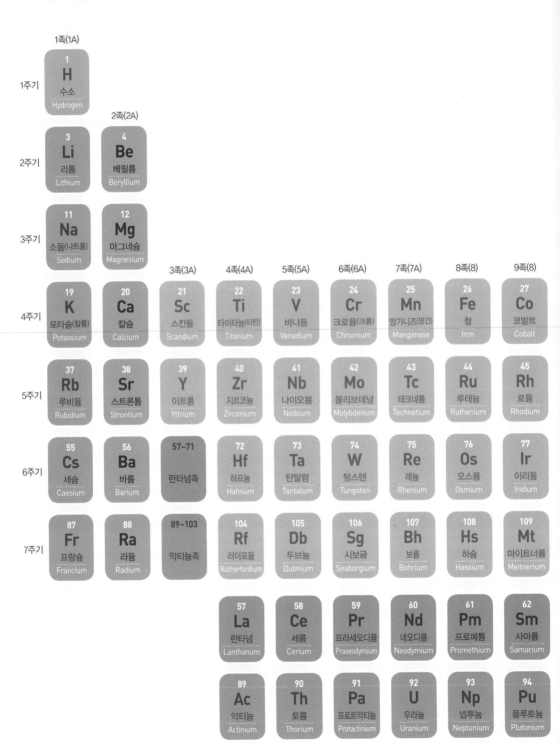

2
He
헬륨
Helium

13족(3B)	14족(4B)	15족(5B)	16족(6B)	17족(7B)	
5	6	7	8	9	10
B	C	N	O	F	Ne
붕소	탄소	질소	산소	플루오린(불소)	네온
Boron	Carbon	Nitrogen	Oxygen	Fluorine	Neon
13	14	15	16	17	18
Al	Si	P	S	Cl	Ar
알루미늄	규소	인	황	염소	아르곤
Aluminium	Silicon	Phosphorus	Sulfur	Chlorine	Argon

10족(8)	11족(1B)	12족(2B)	13족(3B)	14족(4B)	15족(5B)	16족(6B)	17족(7B)	18족(0)
28	29	30	31	32	33	34	35	36
Ni	Cu	Zn	Ga	Ge	As	Se	Br	Kr
니켈	구리	아연	갈륨	저마늄	비소	셀레늄	브로민	크립톤
Nickel	Copper	Zinc	Gallium	Germanium	Arsenic	Selenium	Bromine	Krypton
46	47	48	49	50	51	52	53	54
Pd	Ag	Cd	In	Sn	Sb	Te	I	Xe
팔라듐	은	카드뮴	인듐	주석	안티모니	텔루륨	아이오딘	제논
Palladium	Silver	Cadmium	Indium	Tin	Antimony	Tellurium	Iodine	Xenon
78	79	80	81	82	83	84	85	86
Pt	Au	Hg	Tl	Pb	Bi	Po	At	Rn
백금	금	수은	탈륨	납	비스무트	폴로늄	아스타틴	라돈
Platinum	Gold	Mercury	Thallium	Lead	Bismuth	Polonium	Astatine	Radon
110	111	112	113	114	115	116	117	118
Ds	Rg	Cn	Nh	Fl	Mc	Lv	Ts	Og
다름슈타튬	뢴트게늄	코페르니슘	니호늄	플레로븀	모스코븀	리버모륨	테네신	오가네손
Darmstadtium	Roentgenium	Copernicium	Nihonium	Flerovium	Moscovium	Livermorium	Tennessine	Oganesson

63	64	65	66	67	68	69	70	71
Eu	Gd	Tb	Dy	Ho	Er	Tm	Yb	Lu
유로퓸	가돌리늄	터븀	디스프로슘	홀뮴	어븀	툴륨	이터븀	루테튬
Europium	Gadolinium	Terbium	Dysprosium	Holmium	Erbium	Thulium	Ytterbium	Lutetium
95	96	97	98	99	100	101	102	103
Am	Cm	Bk	Cf	Es	Fm	Md	No	Lr
아메리슘	퀴륨	버클륨	캘리포늄	아인슈타이늄	페르뮴	멘델레븀	노벨륨	로렌슘
Americium	Curium	Berkelium	Californium	Einsteinium	Fermium	Mendelevium	Nobelium	Lawrencium

들어가는 글

이 책의 기본이 되었던 『원소의 소사전』이 '이와나미 신서'에서 처음 발행된 건 1982년으로 벌써 오래전의 일입니다. 나는 중학생이나 고등학생을 상상 속 독자로 삼아 이 글을 썼는데, 그 시절에 독자로 생각했던 사람들은 이미 어른이 되었겠군요. 그동안 세상도 많이 바뀌고 원소를 둘러싼 세계에도 놀랄 만한 몇 가지 새로운 변화가 있었습니다. 그런 변화를 반영해서 지금의 청소년들에게 읽히고 싶다는 생각에 다시 고쳐 쓴 것이 이 책입니다.

'개정판'이라는 말에 어울리도록 여러 가지 새로운 정보를 이리저리 모아 봤는데, 여전히 그 바닥에는 옛날부터 18, 19세기 근대 화학의 기초가 수립될 때까지의 흔들림 없는 원소의 세계가 자리하고 있었다는 걸 새삼 느낍니다. 높은 하늘에 당당히 흐르는 은하수처럼, 원소의 세계에는 우주 탄생과 소멸의 드라마부터 인간이 초래한 다양한 비극까지 100여 종의 원소에 얽힌 거의 무한하고 다양한 세계가 펼쳐져 있습니다. 그것은 결코 단순한 '화학의 세계'가 아니라 우리를 둘러싼 대자연과 인간 사회에 얽힌 거대한 세계로, 이 작은 책 안에도 인간과 자연의 공존 방식, 사회가 나아갈 방향 등을 생각하게 하는 많은 시사점이 포함되어 있다고 생각합니다. 그런 '원소의 드라마'를 어느 정도 의식하면서 쓴 의도가 헛되지 않게 전해졌는지는 이제 여러분의 판단을 기다릴 수밖에 없습니다. 기본적으로 각 원소에 2쪽씩 사전 형식을 빌려 설명하고 있으니 사전을 읽듯 읽을 수도 있겠지만, 필자의 마음으로는 전체를 하나의 이야기로 읽어 주면 고마울 듯합니다.

다행히도 개정 전 책이 많은 독자에게 사랑받았는데, 시간이 흘러서 상당한 부분을 새롭게 추가하지 않을 수 없었습니다. 특히 최근에는 다이옥신, 환경호르몬, 지구온난화 같은 화제가 매일 신문에 등장하는 등 '지구의 미래가 어떻게 될 것인가?'라는 주제가 특히 화학물질과의 공존과 관련하여 젊은 독자의 관심을 끌고 있다고 생각합니다. 화학을 전공한 필자로서 미래 세대에 대해 강한 책임감을 느끼는 부분입니다. 또 다른 변화로는 새로운 원소가 몇 개 더 합성되고, 발견된 것입니다. 이 책에서는 1997년에 국제적으로 그 이름이 확인된 109번 원소까지 일단 확실한 새 원소로 추가했습니다.

화학을 싫어하는(나도 중고생 시절에는 전형적인 화학을 싫어하는 사람이었습니다.) 사람도, 화학을 좋아하는 사람도 원소라는 문을 통해 매력적인 화학의 세계로 이끌 수 있는 그런 역할을 이 책이 해 주었으면 하는 바람입니다. 화학식이나 계산식 등 어렵게 느껴질 만한 부분은 과감히 건너뛰며 읽어도 상관없습니다. 개정판을 내기 전에는 "어릴 때 그 책 읽었어요."라는 말을 생각지도 않게 대학생이나 이미 연구원이 된 사람들에게서 듣게 되어 무척 기뻤던 기억이 있었습니다. 이 책을 통해서도 그런 독자를 한둘쯤 다시 만날 수 있게 되기를 기대하며 펜을 놓습니다.

다카기 진자부로

감수의 글

지금까지 화학자들이 찾거나 합성해 낸 원소는 모두 주기성에 맞추어 배열한 것입니다. 주기율표를 이해한다는 것은 결국 화학이라는 학문을 온전히 이해한다는 것과 같은 뜻이라 할 수 있지요.

이 책은 현재 주기율표에 있는 원소를 차근차근 하나씩 들여다보면서 설명해 주는 책입니다. 원소의 이름은 어디에서 유래했는지, 원소가 어떻게 발견되었는지, 원소의 물리적·화학적 성질은 무엇이며 그것이 어디에 이용되는지, 그와 관련된 사회적 현상이나 문학작품까지 차근차근 알려 줍니다. 그리고 그런 원소들에서 볼 수 있는 규칙성을 설명하는 최신 이론들도 친절하게 소개하고 있습니다.

이 책에서 지은이는 마치 할아버지가 바로 옆에서 이야기를 들려주는 것처럼 원소의 요모조모를 조곤조곤 이야기해 줍니다. 이 이야기를 듣다 보면 어느새 원소에 대한 애정이 차곡차곡 쌓여서 화학이라는 큰 그림에 대한 이해로 이어지는 경험을 할 수 있습니다.

이 책을 지은 다카기 진자부로 선생은 원자핵화학을 전공한 과학자이자 연구자로 오래 일했습니다. 그러다 핵발전의 위험성이 너무나 크다는 것을 깊이 깨닫고 그 위험성을 알리는 운동에 뛰어들었습니다. 인간과 인간 사회가 지구 생태계와 어떻게 관계를 맺어야 하는지 깊이 성찰한 선생은 스스로를 '시민과학자'라고 부릅니다.

'시민의 과학'이 해야 할 일은 '미래에 대한 희망'에 바탕을 둔 과학의 방향을 탐색하는 데 있다. 지구의 미래가 보이지 않게 된 현실에 맞서,

미래로 통하는 길을 제시함으로써 사람들에게 희망을 주는 것이다. 농민들이 대지 위에서 농사를 짓는 일이 푸른 들을 파괴하고 공항을 만드는 것보다 중요하다는 것을 과학적·이성적으로 사회에 알리는 일이다.

－『시민과학자로 살다』 중에서

이 책에서는 원소를 설명하면서 환경오염의 심각한 사례, 핵발전이 가져오는 문제 등도 함께 들려줍니다. 진자부로 선생이 독자와 함께 나누고 싶은 중요한 이야기일 것입니다.

이 세상을 이루는 기본 물질인 원소에 대한 호기심은 비단 어린 시절 한때에만 한정된 것은 아닐 거예요. 나를 비롯하여 수많은 사람이 원소에 대한 호기심으로 '덕질'을 할 준비가 되어 있지 않을까 싶습니다. 그런 사람들을 위한 책을 먼저 읽고 감수하게 되어 '원소 팬클럽'의 한 사람으로 행복했습니다. 이런 책이 이제라도 세상에 나와서 다행입니다.

한문정

차례

우주에서
가장 오래된 원소

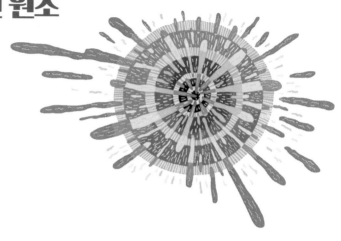

 수소 Hydrogen

그리스어 'hydro(물)+genao(생기다)'에서 나온 이름. '물을 생기게 하는 것'이라는 뜻.

수소는 양성자 하나와 전자 하나로 이루어진 가장 기본적인 원소야. 수소는 우리가 일상에서 접하는 물질 중 가장 오래되었어. 하지만, 이 수소도 우주의 첫 시작부터 존재했던 건 아니야. 현대 우주론에 따르면 "태초에 빛이 있었다."라고 해. 그 우주 개벽의 빛 덩어리인 빅뱅(대폭발) 안에서, 알몸 상태의 수소 원자핵이 '드디어' 나타났어. '드디어'라고 해도, 고작 만분의 일 초 정도 뒤의 일이야. 약 150억 년 전에 일어난 일이지.

그때 수소는 아직 알몸인 양성자 상태였어. 우주의 요리로 만들어진 스튜 냄비의 온도가 너무 높아서(약 1천억℃), 수소 원자는 전자를 떼어 내고 원자핵으로 존재하고 있었지. 그 뒤 우주는 계속 부풀어 올라 70만 년쯤에는 처음으로 양성자와 전자가 손을 잡고 있을 수 있을 정도의 온도까지 내려갔어. 수소 원자의 탄생은 우리 우주에서 일어난 최초의 원자 탄생이었지.

그 뒤 수천억 년이 지나 지구가 생겨났어. 당시 지구 대기 중에는 지금보다 훨씬 더 많은 수소가 있었어. 지구는 '물의 행성'이라고 부를 만큼 많은 수소를 물로 만들어 보존했어. 그 덕분에 생명이 나타날 수 있었고, 지금의 우리에게로 이어진 거야. 그런데, 이렇게 풍부했던 수소는 매우 가벼워서 대부분 지구에서 날아가 버렸어. "지구 내부에는 거의 남아 있지 않다."라는 것이 이전까지의 정설이라 처음 이 책을 쓸 때는 나도 그 사실을 염두에 두고 설명했지.

그런데, 고등학생 시절에 내 책을 읽었던 오쿠치 타쿠오(현 오카야마대학 부교수)는 이 설명에 의문을 가졌어. 이전의 정설에 따르면 지구 핵에는 용해된 철과 니켈(내핵은 철과 니켈의 고체 합금)이 있어. 그러나 외핵 액체를 지나는 지진파의 속도 관측에서 미루어 보면, 지구 외핵은 순수한 철보다 10% 정도 가볍다고 해. 대부분 탄소나 규소나 산소 같은 조금 더 가벼운 원소가 어떠한 식으로 녹아든 게 아닐까 예상했지만, 오쿠치는 대담하게도 철 안에 수소가 녹아 있을 기라고 생각했어. 그래서, 실험실에서 고압 상태를 만드는 실험을 통해 실제로 핵에 녹아 있는 가벼운 원소는 수소일 가능성이 크다는 걸 밝혀냈지. 이제는 이 설명이 국제적으로도 유력하게 인정받고 있어.

오쿠치 가설은 초기 지구에 흡수된 물이 철과 반응해 수소가 생기고 ($Fe + H_2O \rightleftharpoons Fe^{2+} + O^{2-} + 2H$) 고압 상태에서 이 수소가 철에 녹아 들어가 지구의 핵에 남았다는 내용이야.

공기보다
가벼운 기체

헬륨 Helium

그리스어 helios(태양)에서 나온 이름.

헬륨은 수소 다음으로 가벼운 원소로, 화합물을 잘 만들지 못하는 비활성기체야. 그래서 헬륨은 오로지 원자 하나로만 이루어진 단원자 분자로서 존재해. 헬륨은 영국 천문학자 로키어(1836~1920)가 1868년 인도에서 일식을 관측하다가 태양 스펙트럼 안에서 발견했다고 알려졌어. 지구가 아니라 태양에서 처음 관측됐다는 것에서 짐작할 수 있듯, 클라크수(지표로부터 16km 깊이의 지각과 대기권에 들어 있는 각 원소의 양을 중량 백분비로 나타 낸 수, 172쪽 참조)는 72위로 지구에서의 존재량은 적은 편이야. 대기 중에 약간 있고, 우라늄 광석 등에 들어 있어. 이것은 우라늄의 방사성붕괴로 인해 생긴 알파선(헬륨 원자핵 자체)이 헬륨이 되어 남은 거야.

화학적으로 활발하지 못하지만, 의외로 풍선 등에 쓰이는 '가벼운 기체'로 알고 있는 사람이 많아. 그런데 헬륨 원자핵은 오랜 옛날 수소 다음으로 이 세상에 생겨난 원자핵이야. 현대 우주론에 따르면 빅뱅이 시작된 지 단 십몇 초 지났을 때의 일이야. 헬륨은 우주 전체에서는 수소 다음으로 그 양이 많아서 매우 흔해. 지구에 헬륨이 매우 적은 이유는 그 가벼운 성질 때문에 중력에 묶이지 않고 우주 공간으로 흩어져 버렸기 때문이야.

별로 재미없어 보이는 이 원소는 최근 매력 넘치는 물질이 되었어. 헬륨은 이 세상에서 가장 끓는점이 낮아. 그래서 오랫동안 헬륨을 액체로 만드는 것은 도저히 무리라고 생각해 왔지. 그 헬륨 기체를 네덜란드 물리학자 카메를링 오너스(1853~1926)가 끈질긴 노력 끝에 드디어 액체화한 거야. 기체를 압축한 뒤 급팽창시키면 온도가 내려가는데, 1908년 카메를링 오너스는 이 원리를 절묘하게 이용해 헬륨을 액체로 만드는 데 성공했어.

액체 헬륨은 끓는점 4.21K(−268.94℃)로 극저온의 액체야. 액체 헬륨을 활용할 수 있게 되면서 절대 0도에 근접하는 초저온의 불가사의한 세상의 문이 열렸지. 그 불가사의 중 압권은 액체 헬륨 그 자체로, 2.19K 이하의 저온에 이르면 보통 액체와 전혀 다른 이상한 성질을 드러내. 액체 헬륨은 열전도도가 비정상적으로 높고 점성은 매우 낮아서 시험관에 넣어 두면 저절로 그 모서리를 타고 흘러나와 버리거든. 이런 현상을 '초유동'이라고 불러. 또한, 저온에서 전기저항이 사라지는 '초전도 현상'이 시대의 주목받는 기술로 이용됨에 따라 대형 마그넷 등을 만들 때 필요한 재료가 되었어. 의료기기인 MRI(자기 공명장치) 등에도 쓰이며, 초저온에서 뿐만 아니라 더 높은 온도에서도 초전도 현상을 일으키는 기술이 계속 발전하고 있지.

원소란 무엇일까?

　사람들은 아주 오래전부터 원소에 대해 생각했어. 중국, 인도, 그리스 등의 고대 철학자들은 원소가 물질을 만드는 근본 재료이며, 모양을 바꾸기는 해도 변하거나 사라지지는 않아서 새로 만들어 낼 수도 없고 없애지도 못한다고 믿었지.

　어떤 이는 물이 하나뿐인 원소라고 생각했고, 어떤 이는 공기가, 또 어떤 이는 불이 그렇다고 생각했어. 그리스의 엠페도클레스(기원전 490?~430?)는 불, 공기, 물, 흙을 원소로 하는 4원소설을 주장했어. 이 주장은 아리스토텔레스(기원전 384~322)에 의해 수정된 뒤 중세까지 이어져 왔지. 아리스토텔레스는 물질의 기본 성질을 따뜻함, 축축함, 차가움, 건조함의 네 가지로 규정하고, 4원소가 이 중 두 가지씩의 성질을 띤다고 하여 모든 물질의 성질을 설명했어. 인도의 4대(흙, 물, 불, 바람)와 중국의 5행(불, 물, 흙, 쇠, 나무)도 비슷한 생각에서 비롯된 거야.

중세
연금술사들의
실험 모습

라부아지에가
사용한 실험
도구들

　그러나 이것들은 그야말로 머릿속에서만 생각해 낸 이치라 '물질이란 무엇인가?' 하는 개념부터 모호했어. 중세 연금술사들은 수은, 황, 식염을 3원소로 생각했지. 그런데 르네상스와 산업혁명으로 유럽에 새로운 물질관이 싹텄어. 17세기 영국 화학자 로버트 보일(1627~1691)은 "물질을 계속 쪼개고 쪼개서 마지막으로 얻어지는 것"이 원소이고, 이런 생각은 실험으로 뒷받침되어야 한다고 했어. 이걸 더욱 확실하게 발전시킨 것은 프랑스의 앙투안로랑 드 라부아지에(1743~1794)로, 프랑스 대혁명 전야라고 할 수 있는 시기의 일이야.

　라부아지에는 화학반응에서 질량보존의 법칙이 성립됨을 밝히고, 이걸 토대로, 물질이 탄다는 것은 '산화'라는 화학반응 말고는 달리 설명할 수 없음을 보여 주었어. 그는 당시 지배적이었던 플로지스톤설(160쪽 참조)을 물리치고 산소 원소를 발견했어.

　오늘날의 화학은 라부아지에로부터 시작됐다고 할 수 있지. 라부아지에가 생각한 원소는 화합하지 않는 순물질이야. 그것이 어떻게 만들어졌는지, 이른바 물질의 물리적 실체를 밝히는 일은 돌턴 이후의 과학자들이 나타날 때까지 기다려야 했어.

물에 뜨는
가벼운 금속

③ ─ Li ─ **리튬** Lithium

그리스어 lithos(돌)에서 나온 이름. 암석에서 발견된 리튬산화물(lithia)에서 유래.

리튬은 불꽃에 넣으면 정말 아름다운 진홍색 불꽃이 나타나. 리튬을 발견한 건 스웨덴의 화학자 요한 아르프베드손(1972~1841)으로, 1817년 페탈라이트라는 광물에서 발견했어.

빅뱅으로 수소와 헬륨이 만들어졌지만, 그보다 무거운 원자핵이 만들어지기 전에 우주가 팽창해 나갔어. 팽창한 우주에 부분적으로 짙고 옅은 부분이 생겼고, 짙은 부분이 성운을 형성했지. 이 성운에서부터 별이 생겨났어. 무거운 원소의 원자핵은 별 내부에서 고온으로 만들어진 거야.

헬륨 다음으로 많이 만들어진 원소는 탄소야. 그 뒤 탄소보다 무거운 원소가 잇달아 만들어졌지. 리튬과 베릴륨과 붕소는 원소 합성 순서에서 그보다 뒤처지게 나타났어. 리튬은 알칼리금속에 속하지만,

화학적 성질은 이웃 족의 마그네슘과 비슷해. 베릴륨이 알칼리토금속에 속하지만, 화학적 성질이 이웃 족의 알루미늄과 비슷한 것처럼 말이야.

리튬은 희소한 금속이긴 해도 여러 면에서 주목을 받고 있어. 은백색 금속인데, 놀랍게도 밀도가 아주 작아서 물에 뜨기도 하고 물과 반응하니 흥미롭지. 리튬은 반응성이 좋고 공기 중의 질소와 직접 반응하여 질화물(질소와 질소보다 양성인 원소로 이루어지는 화합물, LiN_3)을 만들기 때문에 공기 중에 둘 수 없고 기름 같은 물질 안에 넣어 두어야 해.

최근에는 리튬이 산업에 많이 쓰이고 있는데, 그중 잘 알려진 건 리튬전지와 윤활유야. 리튬전지는 일반 전지보다 전압을 두 배 이상 내기 때문에 편리하게 쓰이고 있어. 또 수산화리튬수화물($LIOH \cdot H_2O$)과 소기름 같은 천연 지방에서 뽑아낸 스테아린산리튬이 있는데, 윤활유 성분으로 널리 쓰이고 있어.

리튬은 수소와도 쉽게 반응해 안정된 화합물인 수소화리튬(LiH)을 만들기 때문에, 수소폭탄의 핵융합 반응(실제로는 중수고화리튬, LiD)나 군사용 기구의 수소 발생에도 이용된다고 하니 군사면에서도 역할이 커.

아름다운 보석을
만드는 원소

 베릴륨 Beryllium

녹주석(beryl)에서 발견되어 붙은 이름.
'beryl'은 그리스어 beryllos(고귀한 청록색 돌)에서 비롯됨.

　베릴륨은 리튬과 나란히 위치하면서 우주 전체에서 그 존재비가 낮고, 지상에서도 클라크수로 47위니까 적은 편이야. 이름에 드러난 것처럼 베릴(녹주석)의 성분인데, 최초의 안경을 녹주석으로 만들었기 때문에 독일어로는 안경을 브릴레(Brille)라고 하지.

　이십여 년 전쯤, 우주 역사를 조사하는 연구에 오래된 베릴륨이 필요해서 그 분야의 전문가로부터 녹주석 조각을 얻었어. 그때 처음으로 녹주석을 손에 넣었지. 노르스름한 색이었는데 조금 녹색을 띠는 것 같기도 한 게 묘하게 신비하고 진기해서 한참 바라봤던 적이 있어.

　녹주석 종류 중에서 가장 투명하고 선명한 녹색을 띠는 것이 다이아몬드보다 비싸다고 하는 에메랄드야. 에메랄드의 화학적 조성을 살펴보면 $Be_3Al_2Si_6O_{18}$, 즉 규산염 광물의 일종으로 맛은 무미건조해. 널리 알려져 있듯이 이스탄불에 있는 톱카프 궁전에 세계 최고의 보석으로 불리는 에메랄드가 전시되어 있어.

베릴륨 화합물은 핥아 보면 단맛이 난다고 해서 옛날부터 '단 원소'라고도 불렸어. 하지만 해로운 성분이 있고 몸에 들어가면 중독을 일으키므로 핥거나 하는 일은 피해야 해. 피부에 닿아도 염증을 일으키지. 주기율표상으로는 알칼리토금속에 해당하는데 화학적 성질은 알루미늄과 비슷해. 예를 들어 수산화베릴륨은 산에도 녹고 알칼리에도 녹지.

베릴륨은 다른 금속이나 합금에 더해서 품질 개량에 널리 사용되고 있어. 또 베릴륨에 라듐 등의 알파선이 닿으면 중성자가 나오는데, 이 반응 덕분에 오래전부터 중성자 발생원으로 이용되었어. 영국 물리학자 제임스 채드윅(1891~1974)이 1932년에 중성자를 발견한 것도 이 핵반응에 의한 거였지.

유리를 단단하게
하는 원소

붕소 Boron

천연 붕사가 아라비아어로 'bouraq(희다)'로 불린 것에서 온 이름.

눈을 씻을 때 사용하는 붕산수(오쏘붕산을 물에 용해한 것)가 있어. 약산성이어도 약한 살균 작용이 있어서 소독에 자주 사용되지.

요즘 우리가 쓰는 유리는 잘 깨지지 않는데, 이런 유리를 경질유리라고 해. 유리를 단단하게 만든 건 붕소 덕분이야. 보통 유리에 10~20% 정도의 붕산을 더하면 화학약품에도 잘 훼손되지 않고 전기도 잘 통하지 않게 돼. 또 온도 변화에도 강해져. 이 경질유리를 '붕규산유리'라고도 불러.

'유리'는 우리가 잘 알고 있는 것 같아도 의외로 이해하기 쉽지 않아. 사전에는 "비결정고체로 용융으로 얻어지는 것"이라고 쓰여 있어. 엑스레이 등을 이용해 물질의 결정구조를 살펴보면, 원자가 어떤 일정한 법칙에 따라 주기적으로 배열된 걸 알 수 있어. 보통 순물질을 가열해서 녹이고, 다시 냉각시키면 결정이 생기는데, 어떤 물질은 결정이 생기지 않은 채 굳어 버리기도 해. 이런 상태에서는 분자가 '아무렇게나' 배열되어 있어서 이런 걸 '무정형' 또는 '비결정질'이라고 부르는데, 유리가 바로 그런 상태야.

유리는 액체가 그 상태 그대로 굳어진 것으로, 조금 어렵게 표현하면 과냉각된 상태라고 할 수 있어. 말하자면, 결정이 되는 응고점을 지난 뒤에도 아직 액체인 상태로 남아 그대로 굳어진 거지. 그래서 어떤 자극이 주어지면 언젠가 결정화될지도 모르는 불안정성을 품고 있어. 타임캡슐에 유리로 만든 기념품을 넣어 두면 수천 년 뒤에 미래 인간이 완전히 다른 물질을 발견하게 될지도 모를 일이야.

유리는 자연 상태에서도 볼 수 있어. 용암이 갑자기 식을 때 과냉각된 암석은 유리로 변하는데, 그 대표적인 게 '흑요암'이야. 천연유리는 석기시대부터 칼을 만드는 데 쓰였고, 기원전 7000년경 이집트에서는 이미 인조 유리도 등장했다고 해. 한국은 삼국시대 이전부터 유리가 사용되었고, 특히 통일신라시대에는 많은 유리 제품을 만들고 사용했어.

'유기계의 왕'이라고
불리는 원소

탄소 Carbon

라틴어 carbo(목탄)에서 나온 이름. 그 유래는 인도·유럽어의 ker(태우다).

탄소는 우주에서 네 번째로 많은 원소이고 클라크수는 14위이며, 사람 몸에서는 수소와 산소에 이어 세 번째로 많은 원소야. 무엇보다 탄소는 생명에 있어 가장 중요한 '유기계의 왕'이라 할 수 있지. 탄소는 그 역할의 중요성에 맞추어 드미트리 멘델레예프(1834~1907)가 처음 만들었던 단주기형 주기율표에서 원소의 왕답게 맨 가운데에 자리 잡고 있었어.

탄소는 원자가가 4가(다른 원자와 결합할 수 있는 손이 4개)인데, 같은 탄소나 다른 원소와 튼튼한 공유결합(원자 2개가 전자를 서로 내놓아 만드는 결합)을 해. 그런 화합물은 매우 안정적이어서 특히 같은 탄소 사이에서는 몇 개가 되든 서로 결합해서 튼튼하고 긴 사슬을 만들지. 그래서 탄소화합물은 종류가 몇백만 개나 되고 그렇게 안정된 상태인데도 다른 원소를 떼어 놓기도 하지. 이런 특징 덕분에 탄소가 생명체에 많이 이용되었고, 또 그 긴 사슬에 힘입어 생물의 몸이 완성되었어.

원시 지구의 대기에는 산소가 거의 없었고 탄소화합물인 일산화탄소, 메테인 기체와 질소, 암모니아 등으로 가득 차 있었어. 아마도 번개의 방전이나 빛 등의 자극으로 처음에 간단한 유기화합물이 생겨나고 그것들이 점차 아미노산이나 더 복잡한 화합물로 결합해 갔을 거야. 그런 과정이 더해져 원시 생물이 탄생하고 긴 진화의 길을 지나 마침내 우리 인간이 생겨난 거지. 이게 바로 현재 우리가 생각할 수 있는 생명의 기원이야.

자연적으로 만들어진 탄소와 인류의 만남은 길고도 깊어. 탄소에는 세 가지 동소체가 있는데, 그중 하나가 다이아몬드야. 다이아몬드 결정은 물질 중 가장 단단한 것으로 유명해. 다이아몬드보다 많은 양이 나오는 것은 흑연이야. 흑연은 전기가 잘 흐르는 물질로 전극 등에 자주 사용돼. 나머지 하나는 무정형의 탄소로 이것은 석탄, 목탄, 그을음 등을 말해. 생활 속에서 흔히 볼 수 있지. 최근에는 원자 60으로 구성되는 공 모양의 분자(풀러렌), 지름이 수 나노미터(10억 분의 1미터) 이상인 튜브형의 거대 다면체(탄소 나노튜브) 등 '슈퍼 아톰'이라 불리는 탄소의 동소체가 발견되어 신소재로 주목받고 있어.

인류와 오래도록 깊은 인연을 맺어온 가장 친숙한 원소 중 하나인 탄소가 최근 완전히 새로운 문제로 대두되고 있어. 바로 대규모 생산과 소비 활동으로 나오는 '이산화탄소'야. 대기 중에 그 농도가 지나치게 짙어져서 지구를 온실 상태로 만드는 '지구온난화' 문제의 주인공이지.

지구온난화

지구는 태양광 에너지에 의해 따뜻해지고, 그 덕분에 생명이 살 수 있어. 이게 가능한 건 대기 중에서 이산화탄소 등 온실효과를 일으키는 기체가 적외선 일부를 흡수하고, 나머지는 반사하는 덕분에 지표에 들어온 태양 에너지가 지구에 머물 수 있기 때문이지.

이게 바로 '온실효과'야. 온실효과가 없으면 지구 표면은 꽁꽁 얼어 얼음 왕국이 되고 말 거야. 이런 효과를 일으키는 기체, 즉 온실가스에는 이산화탄소, 메테인, 아산화질소, 프레온, 대체 프레온 등이 있어. 그런데 온실가스 농도가 짙어지면 온실효과가 과도하게 일어나게 돼. 이게 지구 온난화인데, 지구의 미래를 위협하는 문제라 세계 과학자들의 관심을 끄는 사안이 되었어.

특히 문제가 되는 건 자동차나 각종 공업, 에너지 산업 등에 이용되는 화석연료(석유나 석탄 등) 소비로 인해 나오는 이산화탄소야. 대기 중의 이산화탄소 농도는 1800년 즈음에 280ppm 전후였는데, 1990년에는

지구온난화로
빙하가 녹아서
북극곰도 살기
어려워졌어.

350ppm에 이르렀어. 지구의 평균기온도 최근 100년 동안 1℃ 정도가 확실히 높아졌다고 해.

이런 추세로 온난화 경향이 이어진다면 어떻게 될까? 12년 후에는 평균기온이 약 1.5℃ 정도 높아지고, 바닷물의 높이도 올라갈 거래. 실제로 이런 변화가 닥치면 수많은 섬과 해안 도시가 물에 잠기고, 농작물 수확에도 큰 변화가 올 거야. 극단적인 고온이나 저온 현상, 가뭄이나 대홍수 등이 빈번하게 발생할 것도 예상할 수 있지. 지구 환경에 심각한 문제가 생기는 거야.

생명 순환의
고리가 되는 원소

7 N ▸ **질소** Nitrogen

nitron(초석)에서 나온 이름. 질소는 처음에 'azote'라고 불렸는데,
'질식시키는 원소'라는 뜻.

"모든 것은 돌고 돈다."라는 원리의 중요성을 이 원소만큼 잘 알려주는 원소는 없을 거야. 질소는 단백질 등의 생체 물질에 꼭 필요한 원소야. 비료의 3요소인 질소, 인, 포타슘(칼륨) 중 하나이기도 하지. 공기의 78%를 차지하는 질소 분자(N_2)는 다른 화합물과 쉽게 반응하지 않는 성질 덕분에 폭발 등을 억제하는 충전제로 쓰이기도 해. 질소 분자의 결합이 상당히 단단해서 웬만해서는 분리할 수 없기 때문이야. 일산화질소(NO)가 생리활성물질로서 생물의 몸 안에서 중요한 역할을 한다는 사실을 밝힌 학자가 1998년 노벨상을 받기도 했어.

'질식시키는 원소'인 질소를 생물은 어떻게 이용하고 있을까? 공기 중의 질소는 아조토박터라는 세균에 의해 암모니아로 변해. 이 세균은 그 반응 에너지로 생존하지. 이렇게 공기 중의 안정된 질소를 식물이 직접 이용할 수 있는 형태의 질소화합물로 바꾸는 것을 '질소고정'이라고 하는데, 콩이나 식물의 뿌리 등에 기생하는 박테리아도 질소고정을 담당해. 일단 암모니아가 생겨나면 질소의 작용으로 산화돼서 아질산염에서 질산염으로 바뀌는데, 이렇게 변하면 식물이 손쉽게 흡수할 수 있고 그 결과 단백질이 합성되지. 그 식물을 동물이 먹고, 동물의 사체나 배설물은 다른 박테리아가 다시 암모니아로 분해해. 암모니아를 다시 질소 분자로 바꾸는 박테리아도 있어. 이렇게 박테리아, 식물, 동물에 이르기까지 서로 도와 가는 과정을 통해 최초의 생명체가 생겨나고 질소가 순환되어 세계가 살아 움직이게 된 거야.

그런데 인간이 순환할 수 없는 플라스틱이나 방사성물질 들을 수없이 만들어 냈어. 이것들은 사용 뒤 버려지고 쌓여서 환경을 오염시켰지. '일회용 문화'에서 벗어나지 않으면 이 지구가 언젠가 죽음의 세계로 변할지 몰라. '일회용 문화'에 익숙해져 있는 우리 생활 습관에 대해 다시 생각해 볼 필요가 있어.

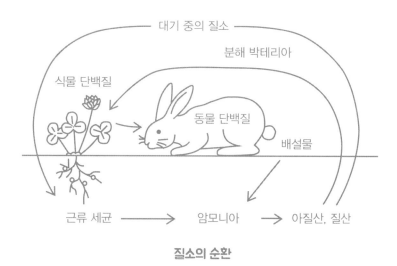

질소의 순환

지구에서
가장 중요한 원소

8   0   산소 Oxygen

그리스어 'oxys(신맛)+gennao(발생하다)'에서 나온 이름.

산소는 지표면에 가장 풍부하게 존재하는 원소이고, 수권이나 대기권에서도 가장 중요한 원소야. 지구에서 가장 중요한 원소라 할 수 있지. 그런데 바다에 넘쳐나는 물과 대기 중에 21%나 차지하는 산소는 지구가 처음 생겨났을 때부터 있었던 게 아니야. '물의 행성'으로 불리는 지구 표면을 4분의 3이나 덮고 있는 물은, 지구 역사의 꽤 이른 시기에 지구 내부 마그마로부터 가스가 반출되면서 생긴 걸로 보여. 그럼 대기 중의 산소는 어떻게 생겨났을까? 지구 탄생 초기에는 대기에 산소가 거의 없었어. 그런 시기가 오래 지속되다가 4,5억 년쯤 전에 지금과 비슷한 정도로 공기 중에 산소가 늘어났어.

이렇게 산소가 적었던 상태가 오히려 지상의 생명 진화에는 큰 의미가 있어. 간단한 화학물질에서 점점 더 큰 유기화합물의 분자로, 나아가 생명으로 진화해 가는 과정에 산소가 대량 있었다면 이들 유기물과 원시 생명은 다 타서 없어졌을 거야. 그러다가 어느 시점에서 산소가 늘어나기 시작했어. 그 덕분에 우리 인간에 이르는 생명의 진화가 가능해진 거야. 과연 어떻게 해서 산소가 만들어진 걸까? 실은 이 문제에 백 퍼센트 만족할 만한 답은 없는데, 다음 두 가지 정도로 생각할 수 있어. 하나는, 자외선 등에 의해 물이 분해되어 산소가 발생했을 거라는 것. 또 다른 하나는, 녹색식물의 발달로 광합성이 활발해져 산소가 대량 발생했을 거라는 것.

아마 두 가지 모두 대기 중의 산소 발생과 관련이 있을 텐데, 특히 지구 역사의 후반기에는 두 번째 이유가 주된 원인이 됐을 거야. 그렇다고 해도, 6억 년 전쯤에는 대기에 몇 퍼센트밖에 없었던 산소가 그 뒤 2억 년 사이에 단번에 10배가 되었다는 건 기적에 가깝지. 지구 대기가 그렇게 극적으로 변화했다면 앞으로는 어떨까? 앞으로 어떤 이유로 대기의 구성이 변할지 생각해 보는 것도 재미있을 것 같아.

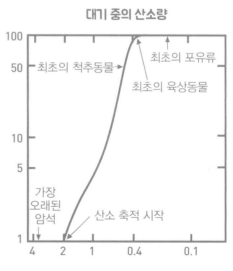

대기 중의 산소량

가로: 현대부터의 연대(단위는 10억 년)
세로: 대기 중의 산소량(%)

오존

여기서 산소의 동소체인 오존(O_3) 이야기를 해 보자. 사실 오존은 우리가 생명 활동을 하는 데 있어 매우 소중한 존재야. 지구의 성층권, 즉 지표에서 20㎞쯤 되는 곳에 오존층이 있는데, 그 존재량은 극히 미미해서 0℃, 1기압으로 환산했을 때 두께는 고작 31㎜ 정도야. 그래도, 이 31㎜가 지상의 생명에게는 대단히 귀중한 역할을 하지. 오존층은 태양에서 다가오는 자외선 중 해로운 것을 흡수하고 지구를 보호해. 만일 오존층이 사라지면 인간은 피부암 발생이 늘어나고, 식물은 돌연변이 등이 급증해서 식량 생산에 큰 타격이 될 거야.

이 오존층이 흔히 '프레온'이라고 불리는 화학물질 때문에 파괴되어 감소할 것이라는 사실이 과학적으로 밝혀졌어. 특히, 1985년에 영국 과학 잡지『네이처』에 남극에 생긴 커다란 '오존홀' 사진이 실리자 오존층 파괴가 이렇게까지 진행되었다는 사실에 세계가 크게 놀랐지. 그리고 1987년에는 드디어 역사적인「몬트리올 의정서」가 세계적인 합의로 채택되었어. 인류가 만들어 낸 합성 화학물질의 생산 삭감, 정지와 사용 억제에 대해 전면적 합의에 도달한 획기적인 협정이야. 이건 '생산과 소비'보다는 환경의 미래를 먼저 생각하자는, 사고 전환의 시작을 알리는 중요한 협정이야.

프레온은 그 주역은 염화플루오린화탄소(CFC), 대표적인 것은 CFC11 : CCl_3F, CFC12 : CCl_2F_2, CFC113 : CCl_2FCClF_2로, 이것들이 성층권의 O_3를 O_2로 바꾸는 반응의 촉매로서 작용해. 그 밖에 대체 프레온이라 불리는 염화플루오린화탄화수소(HCFC)나 플루오린화탄소(HFC) 등과 클로로다이플루오로메테인(HCFC22 : $CHCIF_2$), 메틸브로마이드(CH_3Br) 등도 있어, 이것들이 에어컨 등의 냉매, 각종 스프레이제, 전자

부품 등의 세정제, 토양에 뿌리는 훈증제 등 생활 전반에 사용되고 있어. 이런 물질들이 지구의 목을 조이는 역할을 하고 있지.

　현재, 유해성이 높은 프레온류가 회수되거나 비교적 해가 적은 물질을 개발하는 등의 노력이 이루어지고 있어. 하지만 무엇보다 프레온 등을 널리 사용하는 생활 전반을 새롭게 바꾸는 게 커다란 과제야. 플루오린화탄소(HFC)는 오존층에 끼치는 영향이 적다고 하지만, 온실효과를 일으키고 지구온난화 문제에도 얽혀 있어.

반응성이 좋은
유독한 원소

플루오린(불소) Fluorine

라틴어 fluo(흐르다)에서 나온 이름.

풋내기 연구자 시절에 나는 규소 단결정을 녹일 때 플루오린화수소산에 질산을 첨가해서 자주 썼어. 고무장갑을 끼고도 무서워서 조심스럽게 다루었지. 조금이라도 손에 묻으면 적어도 손에 묻은 이후의 경과 시간과 같은 시간 동안 손을 씻어야 한다고 배웠거든. 플루오린화수소산은 물질 대부분을 훼손할 만큼 반응성이 좋은 산이라, 유리그릇은 쓸 수 없어. 이 성질을 이용해서 유리를 간유리로 바꾸거나 비커에 눈금을 써넣거나 할 때 이용할 정도지.

플루오린은 염소 등과 같이 주기율표 7B족의 할로젠족원소로, 지상에 적지 않게 있어. 하지만 플루오린이 순물질로 추출되어 발견된 건 할로젠족원소 중에서 늦은 편이야. 할로젠족원소는 전자를 한 개 더 가져오면 안정한 구조(비활성기체처럼 전자껍질이 닫힌 구조)가

되기 때문에 다른 원자의 전자를 끌어들이는 힘(전기음성도)이 강한데, 플루오린은 특히 이 힘이 강해서 반응성이 아주 좋아. 이런 강한 반응성이 오히려 플루오린 발견을 늦추는 이유가 됐지.

원소 발견에는 재미있는 에피소드나 숨은 이야기가 많은데 플루오린이 발견된 이야기는 비극 그 자체였어. 영국 화학자 험프리 데이비(1778~1829)는 포타슘 등 수많은 원소를 분리한 화학의 달인이었는데 플루오린 분리에 도전했다가 실패했어. 데이비는 실험 중 플루오린을 담아둔 백금 용기가 망가지는 바람에 플루오린을 들이마셔 부상을 당했지. 프랑스 화학자 루이 조제프 게이뤼삭(1778~1850)도 병에 걸렸고, 그 밖에도 많은 희생자가 생겼지. 1886년이 되어서야 프랑스 화학자 앙리 무아상(1852~1907)이 분리에 성공했어. 무아상은 플루오린화수소(HF)를 백금 용기 안에서 전기분해 하여 기체를 조금 추출했는데 그게 바로 플루오린이었어. 무아상은 이 실험에서 금보다 훨씬 비싼 백금을 대량 사용해야 했어. 플루오린이 백금까지 손상시키는 원소라서 그런 거지. 지금 우리는 원소 대부분을 순물질 상태로 손에 넣을 수 있지만, 그 하나하나의 물질이 발견되기까지는 학자들의 혹독한 노력의 역사가 숨어 있어.

플루오린 원소는 강한 반응성 덕분에, 화합물을 만들지 않는다고 생각되어 왔던 비활성기체와도 화합한다는 놀라운 사실을 이 책에서 알게 될 거야.

희귀하고
새로운 원소

네온 Neon

그리스어 neon(새로운)에서 나온 이름.

네온은 헬륨과 함께 희귀한 기체 원소이지만, 우주에는 비교적 많은 편이야. 다만 그 분자가 가벼워서 지구 밖으로 날아가 버리는 바람에 지구 대기 중에서는 꽤 희귀한 원소가 되었지. 그 때문에 네온이 비활성기체 원소로 발견되기까지는 오랜 세월이 걸렸어. 네온 원소를 발견해 내는 매우 어려운 작업은 대부분 영국 화학자 윌리엄 램지(1852~1916) 한 사람에 의해 이루어졌어. 램지는 1894년에 아르곤을 발견하는 것을 시작으로 헬륨을 발견하고, 1898년에는 대기 중에서 크립톤, 네온, 제논을 차례차례 발견해 세간을 놀라게 했지. 미세한 차이도 소홀히 하지 않은 엄밀한 실험 태도 덕분에 램지는 이런 영광스러운 결과를 얻었어.

램지는 영국에서 멘델레예프의 주기율표 이론에 대해 반대 의견이

강했던 때부터 주기율표를 지지했고, 헬륨과 아르곤 사이에는 또 하나의 비활성기체 원소가 틀림없이 있을 거라고 믿었어.

　이런 근거에 따라 생각해 보면, 헬륨과 아르곤 사이에 원자량이
　헬륨보다 16 크고 아르곤보다 20 작은, 미발견 원소 하나가
　틀림없이 존재한다.
　- 1897년 램지의 강연에서

　다시 말해, 램지는 원자량 20의 네온(엄밀히는 20.179)의 존재를 이때 이미 확신하고 있었던 거야. 주기율표 이론이 새로운 발견을 낳는 데에 큰 힘이 된 거지.
　네온은 진공 상태에서 방전 자극을 받으면 빨간색 스펙트럼선으로 빛을 발해. 고진공 상태가 아니어도 빛을 발하기 때문에 네온램프로 널리 사용되지. 이 네온 방전관에 각종 가스를 넣으면 우리가 흔히 보는 네온사인의 선명한 색깔을 얻을 수 있어. 예를 들어 헬륨을 더하면 노란색, 아르곤은 붉은색이나 푸른색, 크립톤은 황록색, 제논은 푸른색에서 녹색 사이의 빛을 내. 화학의 세계에서 느낄 수 있는 즐거움 중 하나는 원자나 분자의 성질이 화사한 색채와 다양하게 연관되어 있다는 거야.

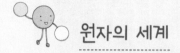

원자의 세계

원자는 원자핵과 전자로 이루어져 있고, 원자핵은 원자번호 Z로 표기되는 크기(전자의 전가 e를 기본 단위로 한다.)의 양전하를 가지며, 중성의 원자에는 그것과 대응하는 Z개의 전자가 원자를 둘러싸고 있어. 원자핵은 Z개의 양성자(수소의 원자핵)와 그것과 비슷하거나 그것보다 조금 많은 수인 N개의 중성자가 결합해서 구성돼. 양성자와 중성자는 양질의 거의 대등한 입자로, 이걸 핵자라고 불러. 원자핵 안에 있는 핵자의 수는 크기가 큰 원자핵의 경우 200개가 넘기도 해.

원자핵 그 자체는 원자 크기의 1000분의 1 이하로, 점에 가까운 존재라 할 수 있어. 그런데 그 점과 같은 부분이 원자 질량의 대부분을 차지하고, 전하의 영향은 원자의 범위 전체에 미치지.

원자의 범위는, 전자의 범위를 뜻해. 전자가 어떻게 배치되어 있는지는 뒤에서 배우겠지만, 여기서는 전자를 점과 같은 존재가 아니라 원자를 둘러싼 구름과 같은 존재로 이해해 두자. 이 구름의 연결이나 이동으로 원자의 화학적 성질이 결정되는 거야. 전자의 구름이 얼마나 넓은지는 어렵지 않은 계산으로 짐작해 볼 수 있어.

예를 들어, 1㎤의 철 덩어리는 철의 밀도가 7.86이므로, 무게로 하면 7.86g이야. 철의 원자량을 55.8로 해서 그것으로 나눠 아보가드로 수를 곱하면 1㎤ 중 철 원자의 개수 n이 나오지.

$$n = 7.86 \div 55.8 \times 6.02 \times 10^{23} = 8.48 \times 10^{22}$$

여기에 철의 원자 범위를 대강의 근사치로 한 변의 길이가 a㎝인 입체로 표시하면 다음과 같은 결과가 나와.

$$n \cdot a^3 = 1(\mathrm{cm}^3)$$
$$a = 1 \div \sqrt[3]{8.48 \times 10^{22}} = 2.27 \times 10^{-8}$$

10^{-8}cm는 1Å(옹스트롬)이라고 부르며, 원자의 세계에서 그 크기를 표시하기에 최적인 단위야. 이걸 사용하면 철의 원자 범위는 2.27Å이 나와. 다시 말해 원자의 반경은 이 수치의 절반에 해당하는 1.14Å 정도라고 상상할 수 있어. 실제 철의 원자 반경은 1.26Å으로, 입체로 추정한 근사치에 조금 문제가 있는 것을 알 수 있어. 그러나, 자신의 힘으로 정확한 크기에 가깝게 도달했다는 사실이 중요한 거야.

소금을 만드는 원소

 **소듐(나트륨)** Sodium

라틴어 soda(고체)에서 나온 이름.

소듐은 불꽃반응에서 노란색 불꽃을 보여. 원자는 에너지를 흡수하거나 방출해서 여러 가지 에너지 상태로 변할 수 있는데, 어떤 상태나 다 될 수 있는 건 아니야. 정해진 몇 개의 에너지 상태를 오가는 것뿐이지. 소듐의 노란 불꽃은 바로 원자가 노란색 빛의 파장에 해당하는 정도의 에너지를 방출하고, 가장 안정도가 낮은 에너지 상태로 옮기는 때에 나오는 거야. 이처럼 원자가 띄엄띄엄 불규칙한 에너지 상태밖에 취할 수 없다는 것과, 그 에너지를 지탱하는 역할을 빛의 입자가 한다는 것은 근대 과학의 중요한 발견 중 하나야.

1814년 독일 물리학자 요제프 프라운호퍼(1787~1826)는 태양광 스펙트럼의 노란색 부분에서 강한 암선(연속스펙트럼에 나타나는 어두운 선)을 볼 수 있다는 걸 발견했어. 이것이 유명한 프라운호퍼선 또는 소듐의 D선이라고도 불리는데, 불꽃반응과 정확히 반대의 일이 일어나. 다시 말해서, 태양의 바깥쪽 대기에 포함된 소듐이 태양의 빛(연속스펙트럼)에서 노란색 빛을 흡수해 높은 에너지 상태로 옮겨간 거지. 지상에 있는 것과 같은 소듐이 우주 공간에도 있다는 것을 알아낸 것은 대단한 발견이었어.

소듐 고체는 부드러운 은백색 금속으로 물과 격렬하게 반응하고, 공기 중에서도 쉽게 산화돼. 그 소듐을 '고속증식로'라고 하는 플루토늄을 연료로 하는 원자로의 냉각재로 사용하려는 시도가 있었어. 고속증식로는 핵연료를 소비하면서 동시에 이를 증식하는 원자로로, '꿈의 원자로'라고도 불려 왔어. 하지만 기술적인 어려움이 너무 많아서 현재는 세계 각국에서 완전히 손을 놓은 상태야.

일본에서는 1995년 12월에 원형 원자로인 '몬주'에서 소듐이 대량 새어 나와 화재가 일어나고, 그 운영 회사인 동연(동력로 핵연료 개발) 사업단이 차례로 사고를 은폐한 것이 큰 문제가 된 적 있어. 소듐은 98℃에서 용해액이 되기 때문에 고속증식로의 냉각재(물로는 적합하지 않음.)로서 주목받아 왔지만 연소하기 쉬워서 부적합한 면이 있었어. 그 한계를 무시하고 무리하게 이익을 취하려 들면 자연의 섭리에 반하여 결국 크나큰 재앙이 되는 거지.

광합성에
필요한 원소

마그네슘 Magnesium

그리스 북부에 있는 '마그네시아산'에서 나온 이름.

마그네슘은 지상에 널리 분포되어 있어 누구에게나 무척 친숙한 원소야. 가장 잘 알려진 것은 염화마그네슘으로 바닷물 속에 0.5% 포함돼 쓴맛을 내는 성분이지. 금속 마그네슘은 공기 중에서 산화되기 쉽고, 공기가 습해지면 산화막이 생겨 광택을 잃어버려. 강하게 열을 가하면 눈부신 빛을 내며 불타기 때문에 사진의 플래시 등에 사용되어 온 것은 널리 알려졌지.

이 원소는 생물에서도 아주 중요한 작용을 하는데, 특히 사람의 몸에서 근육 수축 등과 관련되어 있어. 그런데 마그네슘은 엽록체(클로로필)를 구성하는 원소로, 식물의 광합성 과정에서 필수적인 역할을 한다는 게 무엇보다 중요해. 클로로필 중에서도 중요한 클로로필a의 화학구조를 도표로 나타내면 오른쪽과 같아.

식물이 이런 방식으로 마그네슘을 흡수해서 잘 활용하는 것은 경이로운 일이야. 자연계의 절묘함이나 짜임새는 감탄스러울 정도야.

$$nCO_2 + nH_2O \xrightarrow{\text{햇빛}} (HCHO)_n + nO_2$$

광합성은 식물이 이산화탄소 기체를 흡수하고 물을 산화시켜 탄수화물을 합성하는 거야. 이 반응에 쓰이는 에너지는 엽록체가 흡수하는 태양광이야. 녹색 색소인 엽록체는 그 보색 관계에 있는 붉은빛을 흡수하여 그 에너지를 전자에너지로 바꾸지.

광합성이 완성될 때까지 수많은 물질이나 효소가 관련되는데, 그런 많은 물질이 관계하는 몇 단계의 과정을 통해서 전자의 교환이 일어나. 산화나 환원이라는 화학반응은 전자의 교환으로 진행되는데, 엽록체는 빛에너지를 전류로 바꾸는 정밀한 전자장치라 할 수 있어. 그 안테나에서 중심 역할을 하는 것이 마그네슘이야.

클로로필a의 화학구조

(클로로필)

가볍고
부드러운 금속

 **알루미늄** Aluminium

라틴어 alumen(명반)에서 나온 이름.

알루미늄은 클라크수 3위로 자연계에 널리 분포하는 원소야. 규산염의 규소 중 일부가 알루미늄으로 바뀐 규산알루미늄은 다른 여러 가지 원소와 소금을 만들어 암석이나 흙의 주성분이 되지. 알루미늄 금속은 가공이 쉽고, 잘 침식되지 않고, 전기전도성도 좋아서 금속 그 대로 쓰이거나 경합금으로 쓰여 바야흐로 금속의 스타가 됐지. 콜라를 담는 알루미늄 캔부터 알루미늄 창틀, 알루미늄 포일 등 주변이 온통 알루미늄 제품들로 둘러싸여 있는 것으로도 알 수 있어.

그런데 알루미늄을 금속으로 풍부하게 얻을 수 있게 된 건 무척 최근의 일이야. 산화알루미늄의 산소와 알루미늄의 결합이 강해서 금속으로 환원하기가 어려웠거든. 그 난관을 1886년에 프랑스 화학자 에루와 미국 화학자 홀이 돌파했는데, 이들이 사용한 '용융염전해'라는 방법은 지금도 쓰이고 있어.

보크사이트($Al_2O_3 \cdot 2H_2O$)를 원료로 하고 여기에 빙정석(Na_3AlF_6)과 소량의 형석(CaF_2)을 더해 1000℃쯤에서 녹이면 보크사이트가 빙정석 안에 녹아들어. 이것이 용융염인데, 용해하기 어려운 것을 녹일 때 화학자들은 이런 방법을 써. 이 용융염을 용광로에서 전기분해 하면 용광로 바닥의 음극에 알루미늄 금속이 쌓여. 그런데 이 방법은 전기가 아주 많이 필요해. 우리가 아무 생각 없이 쓰고 던져 버리는 알루미늄 캔이 실은 '전기 통조림'으로 불리기도 한다는 게 놀라운 사실이지. 알루미늄 1g을 얻으려면 전기 15~20와트를 써야 한대.

최근 이 '근대적인 금속' 때문에 또 다른 큰 문제가 대두됐는데, 그건 고령자에게 생기는 치매, 즉 알츠하이머병과 관계가 있지 않느냐는 의심이야. 최근 연구에 따르면 알루미늄이 어느 정도로 결정적 원인을 제공하는지 명확하지 않지만, 일단 위험한 성분이 포함된 것은 틀림없는 듯해. 원래 알루미늄은 '세포독성'이나 '신경독성'이 있는 것으로 알려져서, 지표면에 있을 때는 문제가 없지만 몸에 들어가면 문제가 되는 원소야. 최근에는 산성비 때문에 안정적으로 존재했던 지표면의 알루미늄 이온이 녹아 나오는 일도 늘고 있어. 그것이 알츠하이머병 등의 원인이 됐을 거라고도 생각해 볼 수도 있겠지. 여기서도 '근대 화학'과 인간의 건강 혹은 환경 사이의 대립을 볼 수 있어. 이런 대립을 해결하는 일이 진정한 과학(화학)이 추구해야 할 바라고 생각해.

원자의 발견

　고대 그리스의 철학자, 데모크리토스(기원전 470~380년경)는 물질을 분해해 들어가면 어느 순간 더는 분해할 수 없는 알갱이에 도달할 거라고 생각해서, 이 알갱이를 '아톰'(a(부정) + tomos(분해하다))이라고 불렀어. 원자에 대한 생각을 확실하게 보여 주는 최초의 주장이라 할 수 있어. 지금 봐도 대단한 착상이지만, 당시에는 실제로 그런 주장을 확실히 뒷받침할 만한 수단이 없어서 머릿속 생각에 그치고 말았어. 인간의 사상은 사회 변화와 긴밀히 연관되어 있어서, 여러 사람이 직접 몸으로 경험해 그 사상을 확신하는 과정을 거쳐야 비로소 사람들의 마음속에 온전히 뿌리내리게 돼. 따라서 원자에 대한 생각이 구체적인 모양을 갖추려면 긴 시간이 흘러야 했지.

　18세기 말쯤에 라부아지에가 화학변화에서 양적 관계를 중요하게 생각하고 실험에 집중했던 것도 산업혁명 이후의 사회 변화라는 배경이 있었기 때문이야. 그래서 라부아지에의 질량보존의 법칙을 바탕으로 프랑

좌) 돌턴
우) 러더퍼드

스 화학자 프르스트(1754~1826)는 "화합물을 구성하는 원소의 질량 사이에는 간단한 비례 관계가 있다."라는 일정 성분비 법칙을 발견했지. 이 것을 바탕으로 영국 화학자 돌턴(1766~1844)은 메테인(CH_4)과 에틸렌(C_2H_4)의 일정량의 탄소와 결합하는 수소의 질량비가 2대 1이 되는 것에 주목해서 여러 가지 화합물을 조사한 결과 "하나의 원소의 일정량과 화합하는 다른 원소의 질량 사이에는 정수비가 성립된다."라는 배수비례 법칙에 도달하게 된 거야. 이러한 '정수비'야말로 원소가 한 개, 두 개 등으로 셀 수 있는 알갱이라는 사실을 밝혀 냈다는 뜻이지. 19세기 초에 일어난 일이야.

돌턴을 시작으로 그 뒤 많은 연구자가 행한 작업의 도움으로 원자에 대한 생각은 점차 화학 세계에 정착해 갔어. 그렇지만 원자의 물리적인 모양이 밝혀지기까지는 그 뒤에도 한 세기라는 시간이 걸렸어. 그 시간 동안 인간은 원자라고 하는 미시 세계에 들어가는 수단을 손에 넣게 되었고. 그 결과 1897년에 영국 화학자 존 돌턴이 전자를 발견하고, 이어서 어니스트 러더퍼드(1871~1937)가 원자의 중심인 원자핵의 존재를 밝혀냈어. 이 단계에서 러더퍼드는 원자핵을 태양으로, 그리고 전자를 행성으로 하는 태양계와 같은 원자모형을 묘사했는데, 이것을 지금과 같은 원자모형으로 완성한 것은 네덜란드 물리학자 닐스 보어(1885~1962)의 업적이야.

보어

'무기계의 왕'이라고
불리는 원소

규소 Silicon

라틴어 *silicis*(부싯돌, 단단한 것)에서 나온 이름.

주기율표에서 탄소 바로 밑에 오는 원소인 규소는 '유기계의 왕'인 탄소와 비교하여 '무기계의 왕'이라고 불려. 규소는 클라크수가 2위인 풍부한 원소로 암석의 구성 성분이야.

자연계에 있는 규소의 기본 형태는 이산화규소(SiO_2)로 석영(그 투명한 결정이 수정)처럼 자연 그대로의 모습으로도 존재해. 일반적으로는 규산 이온(SiO_4^{4-})의 모습을 취하는데, 다른 여러 가지 금속과 이온결합을 해서 규산염 암석이 되지. 지각에 있는 대표적인 암석, 예를 들어 화강암, 현무암, 편마암 등은 모두 같은 그룹에 속해.

규소는 산소와 무척 단단하게 결합하기 때문에 규소산염은 아주 안정적인 화합물이야. 마치 유기물에 있어서의 탄소 사슬처럼 산소를 매개로 규소가 결합해서 길고 튼튼한 사슬을 완성하지. 이 사슬은 암석 같은 무기물의 뼈대를 만들어. 그러나 규소의 경우 원자간 결합이 탄소만큼 안정적이지 않아. SF소설에 나오는, 규소를 뼈대로 생겨난 생물은 실제로는 존재하기 어렵지.

사람들은 오랫동안 순수한 금속 규소를 만들려고 노력해 왔지만, 잘 되지 않았어. 그러다가 최근 완전에 가까운 모양(99.9999%)과 그 이상의 순도를 가진 규소를 만들 수 있게 되었지.

주기율표에서 규소 주변의 원소를 준금속이라고 불러. 전기나 열이 잘 통하는 전형적인 금속원소는 주기율표의 왼쪽부터 가운데쯤까지 자리하고 있고, 주기율표의 오른쪽 부분에는 전형적인 비금속원소가 자리하고 있지. 그 사이에 있는 규소 등은 몇 개의 원소가 준금속으로, 금속과 비금속의 성질을 함께 지니고 있어. 준금속은 금속과 같은 양상의 자유전자를 지니는데, 그 밀도는 보통 금속보다 훨씬 작아. 그중 대부분은 반도체 순물질이 되지.

규소는 전형적인 반도체로, 그 단결정(한쪽 방향 축을 따라 정연하게 늘어선 결정)을 훌륭하게 성장시키는 기술이 발전했기 때문에 활용도가 높아졌어. 잘 성장한 단결정은 고순도 상태가 되는데 이것에 여러 가지 불순물을 더해 주면 다양한 전기적 성질을 띠게 할 수 있지. 이 기술 덕분에 규소는 지금까지 다이오드나 트랜지스터, 대규모 집적회로(LSI) 등에 쓰이고 있어. 또 앞으로는 태양전지 등에 쓰일 미래 시대의 필수 재료야.

도깨비불을
만드는 원소

 인 Phosphorus

그리스어 phos(빛)+phoros(운반자)에서 나온 이름.

어렸을 때 무척 무서워했던 것 중 하나가 어른들한테 들었던 '도깨비불'이야. 사실 도깨비불은 대부분 사체의 뼈에 있는 인 때문에 생기는 건데, 나도 본 적은 없어. 도깨비불은 무섭기는 했지만, 신기하게도 밤의 어둠을 매력적으로 만들었던 것 같아. 지금은 어디든 밤에도 밝아서 도깨비불이 위력을 잃은 듯해 조금 섭섭해.

인은 몇 개의 동소체가 알려졌지만, 인광을 발하는 것은 흰색 인이고, 흔히 아는 노란색 인은 그 표면에 붉은색 인이 생긴 거야. 흰색 인은 공기 중의 수분과 반응해서 인광을 발해. 그 외에도 검은색 인이나 보라색 인도 있어. 인광은 형광과 엄밀히 구별하기 어렵지만, 자극을 받고 나서 천천히 빛을 발하고 자극이 사라지고도 빛이 남는 것이 특징이야.

인은 주변에서 비교적 쉽게 접할 수 있는 원소인데, 사람 몸의 틀을 만드는 데 중요하게 쓰여. 뼈나 치아는 인산칼슘(간단히 $Ca_3(PO_4)_2$로 쓰지만 실제로는 '$Ca_5(PO_4)_3 \cdot OH$' 같은 형태야.)으로 구성되어 있지. 몸무게 50kg인 사람은 약 1%인 500g이 인으로 되어 있다고 해.

한편, 인은 사람을 포함한 생명체에서 결정적으로 중요한 역할을 하는데, 그건 유전자 본체의 DNA(데옥시리보핵산) 또는 그것과 한 쌍이 되어 유전의 발현이나 단백질의 합성 등에 중요한 역할을 담당하는 RNA(리보핵산)에 인산결합이 포함되어 있어서 생명 작용 그 자체에 깊이 관련된다는 거야. 또 인의 유기화합물인 ATP(아데노신삼인산)은 생물체 안에 에너지를 저장, 운반, 공급하는 중요한 화합물로 생명체의 에너지 기관이라고 할 수 있지.

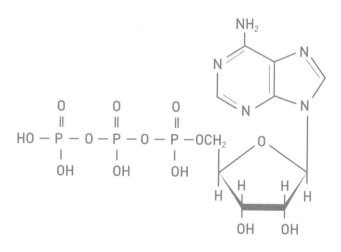

ATP(아데노신삼인산)

성냥과 화약에
쓰이는 원소

 **황** Sulfur(Sulphur)

라틴어 Sulpur(황)에서 나옴. 중앙아시아 토하라어의 salp(타다)라는 말이 기원.

일본은 화산대에 자리 잡고 있어. 화산과 더불어 유황이 뿜어져 올라오는 일본에서는 천연 유황을 흔히 볼 수 있지. 유황 온천이 뿜어 나오는 지역에 가면 상한 달걀 같은 황화수소 냄새나 혹은 코를 찌르는 자극적인 이산화황(무수아황산) 냄새를 맡을 수 있어. 황화수소와 이산화황은 쉽게 반응하여 천연 유황, 다시 말해 노란색 황화 결정을 만들지. 이 모습을 소설가 미야자와 겐지(1896~1933)는 「진공 용매」 (『봄과 수라』에 수록)라는 시에서 읊고 있어.

엄청나게 심한 바람이다.
쓰러져 버릴 듯하다.
사막에서 썩어 버린 타조의 알

분명 황화수소는 들어 있고
그 외에 무수아황산
말하자면 이건 하늘로부터 내려오는 가스 기류가 두 줄 있다.
충돌해서 거품이 되어 황화가 생겨난다.

화학반응식이 떠오르지 않아? 황은 동소체가 많기로 유명한데, 반응성이 좋아서 대부분의 원소와 반응하여 황화물을 만들어. 그렇게 만들어진 황화물은 금속 검출에 많이 쓰여.

이렇게 친숙한 황이 현대 지구에서는 커다란 문젯거리가 되었는데, 바로 아황산이 일으키는 산성비 현상이야. 화석연료를 소비할 때 생기는 아황산이 비를 산성화해서, 그 결과로 환경에 광범위하게 악영향을 끼친다는 것이 반세기 전부터 북유럽에서 알려지기 시작했는데 지금은 세계적인 문제로 떠오르고 있어. 국경을 초월하는 환경문제의 전형적인 예지. 비가 산성화되면 하천이나 호수나 늪도 산성화되어 물고기가 살 수 없고, 숲의 나무들이 마르고 토양이 산성화되어 농작물에도 커다란 영향을 미쳐.

파리에 있는 로댕미술관 정원에는 로댕이 만든 훌륭한 청동상이 즐비하게 늘어서 있는데 산성비 때문에 그 동상들이 모두 완전히 녹청색으로 변해 있어. 불현듯 산성비 미술관이라고 부르고 싶어지는군.

순물질과 동소체

　원소라는 말은, 같은 원자번호 즉 기본적으로 같은 화학적 성질을 갖는 물질의 총체를 뜻해. 하나의 원소로 구성된 실제 물질을 가리킬 때는 '순물질'이라는 말을 써.

　흑연은 순수하게 탄소만으로 구성되어 있는데, 그런 점에서 흑연은 탄소라는 원소로 이루어진 하나의 순물질이야. 탄소는 흑연 말고도 성질이 다른 순물질이 있는데, 그중 하나가 다이아몬드야. 흑연과 다이아몬드를 비교해 보면, 겉보기나 그 성질에서 확연히 달라 보여. 하지만 둘 다 탄소라는 원소의 다른 모습이고, 원소의 결합방식(결정구조) 때문에 그 차이가 생겨. 이때, 흑연과 다이아몬드를 둘 다 탄소의 동소체라고 말해. 또 탄소는 규칙적인 결정이 만들어지지 않는 무정형 탄소라는 동소체도 있어. 목탄이나 석탄은 이 무정형 탄소에 해당해.

　고체가 아니어도 동소체는 있어. 우리가 흔히 아는 산소는 O_2라는 2원자 분자지만 O_3는 3원자 분자인 기체로, 이게 바로 오존이야. 산소의 동소체지. 산소라는 말은 원소의 명칭으로도, O_2 분자로 구성된 순물질의 명칭으로도 쓰여.

　한 원소의 원자가 어떤 조건에서 어떠한 동소체가 되는지 예를 한 가지 들어 볼까? 황은 수많은 동소체가 있지만, 보통의 온도와 압력에서는 α황이 안정적으로 사방결정형 결정구조를 하고 있어. 1기압 상태에서 온도를 올리면 95.5℃ 이상에서는 β황이 안정적 상태가 되어 그쪽으로 결정이 이동해. 압력까지 변하면 상황이 좀 더 복잡해지는데, 그 상태 변화의 추이는 오른쪽에 있는 도표에서 자세히 살펴볼 수 있어.

　앞에서 예로 들었던 원소만 동소체가 있는 건 아니야. 많은 원소의 순물질에는 다양한 동소체가 있지. 완전히 같은 원자로 구성되어 있어도 조건이 달라지면 성질이 완전히 다른 물질이 나타나는 것이 화학의 세계에서 흥미로운 점이야.

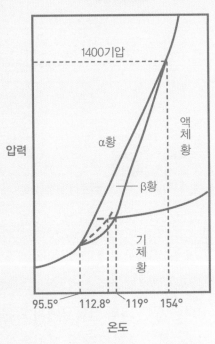

황의 평행도

화학공업에 많이 쓰이는 원소

염소 Chlorine

그리스어 chloros(녹색)와 관련된 이름.

염소는 우리에게 무척 친숙한 원소 중 하나야. 플루오린과 닮은 전형적인 할로젠족원소지. 염소 기체는 독이 있지만 염화나트륨, 염산, 염화은 등은 화학 실험실에서도 친숙해. 이것들은 무기염소화합물이지만, 최근 플라스틱 등 유기합성 화학물질이 광범위하게 사용되어 유기염소화합물이 대량 생산, 유통되고 있어. 이들은 내구성이 강하거나 가공이 쉽거나 살충력이 강하다는 이유로 편리하게 쓰이지만, 인체에 유해하다는 사실이 밝혀져서 지금은 공포스러운 유독 화학물질로 두려움의 대상이 되었어.

염소는 식염수를 전기분해 하여 많은 양을 쉽게 얻을 수 있는데, 이걸 석유 정제 과정에서 나오는 에틸렌과 결합해 유기염소 합성화학의 길을 열었지.

$$CH_2 = CH_2 + Cl_2 \xrightarrow{FeCl_3} CH_2ClCH_2Cl,$$
$$CH_2ClCH_2Cl \xrightarrow{450\sim500℃} CH_2 = CHCl(염화비닐) + HCl$$

이 염화비닐(모노마=단량체. 모노는 '하나'라는 뜻)에서 시작해서 각종 유기염소폴리머(중합체, 고분자, 폴리는 '많은'이라는 뜻)가 만들어져 실용화되었어. 유기염소화합물은 편리하지만, 사람 몸속 세포에 들어가면 DNA, RNA나 그에 관련한 효소에 직접 작용해서 생명기능에 해를 끼쳐. 암을 일으키고 태아의 기형을 유발하며, 각종 만성중독증을 일으키는데 ppb(10억분의 1)에서 ppt(1조분의 1)라는 아주 적은 농도로도 유독성을 보여서 환경오염의 심각한 원인이야.

다이옥신, 폴리염화바이페닐(PCB), 살충제인 DDT와 BHC, 디클로로에틸렌, 트리클로로에틸렌(최근 전기산업에 이용하는 용제로서 환경오염, 지하오염 문제를 일으킴.), 수돗물을 오염시키는 트라이할로메테인류, 오존홀 파괴에서 언급했던 프레온이나 환경호르몬 대부분에 염소화합물이 관련되어 있어.

무기염소는 사람 몸속에 열 번째로 많은 원소로, 평균 체중인 사람은 매일 염소 100㎎이 필요해. 그런데도 다이옥신을 비롯한 유기염소는 공포의 물질이 되었지.

2, 3, 7, 8 TCDD
(다이옥신류의 일종)

전자의 궤도 I

이쯤에서 원자 주변의 전자 나열 방식에 대해 알아보자. 원소의 성질은 전자의 운동(결합하거나 이탈하는)으로 결정되기 때문에 이걸 이해하는 게 화학의 기초라고 할 수 있어.

일단 원자핵 주변에 있는 전자를 태양 주변을 도는 행성으로 생각해 보자. 어느 행성이 어떤 식으로 돌고 있는가를 알기 위해서는 먼저 그 궤도의 크기(태양에서의 거리)와 궤도의 모양(어떤 모양의 타원인지)을 알아야 해. 전자에 관해서도 우선 궤도의 크기와 모양을 알 필요가 있어. 전자는 원자핵 주변을 몇 겹의 껍질처럼 둘러싸고 있는데, 이 껍질의 크기가 큰 틀에서 궤도의 크기를 정해. 원자핵에 가까운 순서대로 이껍질을 제1껍질, 제2껍질, 제3껍질 등으로 부르기로 하자(K껍질, L껍질, M껍질 등으로도 불러.).

하나의 껍질 안에는 여러 가지 궤도로 전자가 돌고 있어. 전자궤도는 '아무렇게나' 생긴 게 아니고 네 가지 모양밖에 존재하지 않아. 이 네 가지를 s궤도, p궤도, d궤도, f궤도라고 부르지. s궤도와 p궤도의 모양을 그

전자구름의 형상

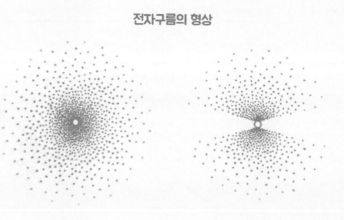

s형   p형

림으로 나타내 보면, 전자는 어느 정도 퍼져 있는 구름과 비슷해 보여. 왼쪽 그림에서 이 모습을 볼 수 있어.

궤도의 크기(껍질)와 모양이 정해지면 하나하나의 전자에 적용할 수 있는데, 여기에 조금 복잡한 규칙이 두 가지가 있어. 그 하나는 s형에는 껍질 하나에 궤도 하나, p형에는 방향이 다른 세 가지 궤도, d형에는 다섯 가지 궤도, f형에는 일곱 가지 궤도가 있다는 거야. 또 각 궤도에는 전자가 두 개까지 들어갈 수 있어. 결국 s형에는 1×2=2개, p, d, f 형에는 각각 2×3=6, 2×5=10, 2×7=14개까지 전자가 들어갈 수 있어.

또 다른 규칙은 제1껍질은 작은 껍질이기 때문에 s궤도만 들어갈 수 있고, 제2껍질에는 s궤도와 p궤도, 제3껍질에는 s궤도, p궤도, d궤도, 제4껍질부터 그 밖의 껍질에는 어떤 궤도도 들어갈 수 있다는 거야. 이걸 정리하면 각 껍질에 들어갈 수 있는 전자의 수는 61쪽의 표와 같아.

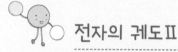

전자의 궤도 II

실제 원자에 대해 생각해 보자. 원자는 차근차근 전자를 나열해 간다고 할 수 있어. 자연계는 보통 안정을 추구하기 때문에 전자도 에너지가 낮은 안정된 궤도가 비어 있으면, 먼저 그 궤도에 들어가려는 경향이 있어.

일반적으로, 안쪽 껍질이 에너지가 낮고 안정적이어서 궤도의 모양 면에서 보면 s궤도가 가장 에너지가 낮고, 그다음으로 p궤도, d궤도, f궤도의 순서가 되지. 1s궤도와 2s궤도 중에서는, 1s궤도 쪽이 에너지가 낮으니까 비어 있으면 전자는 먼저 여기에 들어가.

수소는 안정된 상태에서 전자 한 개가 1s궤도를 차지하고, 헬륨은 전자 두 개가 한 쌍이 되어서 1s궤도에 들어가지. 리튬은 1s궤도에 두 개, 그 다음으로 안정적인 2s궤도(1p궤도가 아니라)에 한 개가 들어가. 이걸 기호로는 $1s^2 2s^1$라고 표기해.

이렇게 차례대로 전자를 궤도에 채울 때 주의해야 할 것이 있어. 예를 들어, 3d궤도와 4s궤도 중에서는 어느 쪽이 에너지가 낮을까? 3과 4에서는 3쪽이 낮을 듯하지만, d궤도와 s궤도 중에서는 s궤도 쪽이 낮으니까 간단히 판단하기 어려워. 자세한 측정과 계산에 따르면 각 궤도의 에너지 크기는 대략 오른쪽 도표에 나타난 것과 같아. 3d 와 4s 중에서는 4s쪽이 일반적으로 미세하게 낮게 나타나는 등 그 순서가 다소 혼란스럽지. 에너지 차이가 극히 적어서 원자번호에 따라서도 변화가 있고, 결정 내부에서 바뀌는 경우도 있어.

이런 이유 때문에 무척 복잡하고 이해하기 어렵지만, 오른쪽 도표에서처럼 에너지가 낮은 순서로 전자가 자리를 차지하는 것이 보통 원자의 전자구조야. 그래서, 제일 바깥쪽 껍질에 있는 전자가 다른 원자의 제일 바깥쪽에 있는 전자와 반응을 일으키는 것이 일반적이지. 원소의 화학적

성질은 전자의 배열 방식, 특히 바깥쪽 껍질의 전자가 어떤 배열 방식인
지에 따라 정해지는 거야.

전자의 껍질과 전자 수

껍질	반감기	전체의 전자 수
1(K껍질)	s(2)	2
2(L껍질)	s(2) p(6)	8
3(M껍질)	s(2) p(6) d(10)	18
4(N껍질)	s(2) p(6) d(10) f(14)	32

중성원자 전자궤도의 에너지(개념도)

잘 변하지 않는
기체

아르곤 Argon

그리스어로 '일하지 않는 것'이라는 뜻에서 나온 이름. a(부정)+ergon(일).

앞에서 설명한 걸 구체적으로 이해하기 위해 아르곤의 전자배치를 생각해 보자. 아르곤은 원자번호가 18이니까 중성자는 전자를 18개 가지고 있어. 에너지가 낮은 궤도부터 전자를 채워 보면, 먼저 1s궤도에 2개, 2s궤도에 2개, 2p궤도에 6개, 여기까지만 해도 10개가 돼. 그 다음으로 3s궤도에 2개, 3p궤도에 6개를 채우면 정확히 18개가 되지. 기호로는 $1s^2 2s^2 2p^6 3s^2 3p^6$라고 쓸 수 있어.

여기서 한 번 더 앞쪽 도표를 보면, 3p궤도와 그다음의 4s궤도 사이에는 에너지 차가 큰 걸 알 수 있어. 이처럼 다음 궤도까지의 사이에 에너지 차가 클 때는 그 바깥쪽에 전자를 하나 더하거나, 또는 궤도 안의 전자를 빼내는 일에 에너지가 많이 필요해. 아르곤의 이러한 상태를 '껍질이 닫혔다'라고 부르고 전자가 다른 원자의 전자와 결합하기 어려워서 화학적으로 비활성이 되는 거야. 아르곤이 비활성기체인 것은 이런 이유 때문이지. 도표를 보면 1s궤도와 2s궤도 사이, 2p궤도와 3s궤도 사이, 4p궤도와 5s궤도 사이, 5p궤도와 6s궤도 사이에서도 같은 현상이 일어날 거라고 추측할 수 있어. 이 각각이 비활성기체인 헬륨, 네온, 크립톤, 제논에 대응되는 거야. 예를 들어 크립톤은 $1s^2 2s^2 2p^6 3s^2 3p^6 3d^{10} 4s^2 4p^6$라는 전자배치를 하고 있지.

비활성기체는 불활성기체라고도 불러. 주기율표에서 비활성기체 앞쪽에 있는 할로젠족은 비활성기체의 닫힌껍질보다 전자 수가 하나 적으니까 전자 하나를 더해서 안정적인 닫힌껍질을 만들려고 해. 예를 들면 염소는 $1s^2 2s^2 2p^6 3s^2 3p^5$의 구조인데, Cl^-가 되면 $1s^2 2s^2 2p^6 3s^2 3p^6$로 아르곤과 전자배치가 같아져서 안정화 되지. 반대로, 비활성기체보다 하나 앞에 있는 알칼리금속원소가 전자를 하나 내보내기 쉬운 것도 같은 이유야.

이처럼 전자배치를 이해하면 원소의 화학적 성질을 알기 쉬워. 주기율표에서 원소의 성질이 주기성을 보이는 것도 같은 족의 원소는 바깥쪽의 전자궤도가 닮기 때문이야.

아르곤은 공기 중에 0.93% 존재하는데, 비활성기체 중에서는 가장 많아. 암석 중에도 아르곤이 함유된 것이 많아. 그 이유는 천연 포타슘에 0.012% 포함된 포타슘-40이라는 방사성동위원소가 방사선을 방출하여 붕괴하면 아르곤-40이 생겨나기 때문이야. 대기 중에 아르곤이 많은 것도 암석 안의 포타슘-40이 변했기 때문이지.

식물을 키우는 원소

 **포타슘(칼륨)** Potassium

영어 potash에서 유래하고 '해초의 재'란 뜻.

주기율표 왼쪽 끝에 있는 1A족에서 알칼리금속이라 불리는 포타슘은 소듐과 함께 지각의 약 2.5%를 차지하는 아주 친숙한 원소야. 생물에게는 더없이 중요한 원소이기도 해. 식물을 키우는 데 포타슘 비료가 얼마나 중요한지 잘 알고 있을 거야. 우리 몸의 세포 안에 있는 양이온 중 대부분이 포타슘 이온이고, 신경 전달이나 신체 기능의 조절 등에도 큰 역할을 해.

주기율표에서 같은 족의 원소는 닮은 성질을 보이는데, 비활성기체의 닫힌 전자껍질 바깥쪽에 전자를 단 하나만 가지는 알칼리금속은 특히 더 닮은 점이 많은 형제 같아. 예를 들어, 알칼리금속은 어느 것이나 가볍고, 녹는점이 낮고, 칼로 자를 수 있을 만큼 연해. 이런 성질들은 금속결합에 맡기는 가전자가 적어 원자의 결합이 느슨하고 틈이 많기 때문이야.

또 바깥쪽에 있는 유일한 전자는 움직임이 가벼워 떨어지기도 쉬워서 이들 원소는 양이온으로 쉽게 변하고 그 화합물은 물에 쉽게 용해돼. 음이온으로 쉽게 변하는 할로젠족원소와 함께 바닷물 속에 엄청나게 많이 용해된 원소야.

그런데 둘은 닮은 점만 있는 건 아니야. 예를 들어, 지구 표면에 있는 소듐과 포타슘의 양은 비슷하지만, 바닷물 속에는 소듐이 30배 가까이 많아. 이건 둘의 용해 정도에 큰 차이가 있다는 걸 보여 주지. 이렇게 주기율표의 세로축 아래쪽으로 가면 원자핵 전하의 크기나 전자수가 달라지기 때문에 성격도 조금씩 달라져. 소듐과 포타슘의 경우 원자번호가 큰 포타슘 쪽이 이온 크기가 커서 흙이나 암석 안에 머무는 힘이 세기 때문에 용해되기 어려운 거야.

조금 핵심에서 벗어나는 이야기지만, 바닷물에 녹아 있는 원소는 원래 암석이나 지각 속에 있던 것들이 비에 씻겨 내려 강을 통해 바다로 모여든 거야. 아주 오랜 옛날 바닷물은 그렇게 짜지 않았을 거야. 그렇다면 현재 바닷물의 짠맛을 지각 중 소듐이나 염소가 점차 녹아내려 바다로 흘러 들어갔기 때문이라고 설명할 수 있을까?

이 문제에 도전한 과학자들의 결론은, 소듐은 물론 암석 안에 소량만 함유된 염소가 녹아든 정도로는 아무리 해도 현재의 바닷물 농도가 될 수 없다는 거야. 바닷물 속 염소는 대부분 화산활동에 의해 지하에서 분출되었다가 바다에 섞여 들어간 것으로 보여.

뼈와 치아를
만드는 원소

칼슘 Calcium

라틴어 calx(석회)에서 나온 이름. 석회는 산화칼슘(CaO)을 말함.

바다 이야기가 나온 김에 바닷물 속 칼슘에 대해서도 생각해 보자. 육지에서 바다로, 바다에서 육지로, 그리고 생물에게로 칼슘이 여행하는 여정에서 다양한 변화를 볼 수 있어.

칼슘이라고 하면 석회암이 떠오를 수도 있는데 그 주성분은 방해석, 즉 탄산칼슘이야. 칼슘은 바닷물 속에도 다량 함유되어 있어서 바닷물 1t에는 칼슘이 400g이나 들어 있어. 금속원소 가운데 소듐과 마그네슘의 뒤를 이어 바닷물에 세 번째로 많은 원소야.

그런데, 탄산포타슘은 물에 잘 용해되지 않는 물질이야. 소듐처럼 빗물에 씻겨 흘러내린 칼슘이 강을 따라 바다로 모였다고 단순히 설명할 수 없는 이유지. 이 수수께끼를 푸는 열쇠는 이산화탄소에 있어.

칼슘이 녹아 있는 수용액에 이산화탄소를 넣으면 희고 탁하게 변하는데, 이게 바로 탄산칼슘이 침전한 거야. 더 많은 이산화탄소를 넣으면 수용액은 이산화탄소로 포화해서 침전이 조금씩 녹기 시작해. 탄산칼슘이 물에 용해되는 탄산수소칼슘으로 변하기 때문이지.

$$CaCO_3 + CO_2 + H_2O \rightleftharpoons Ca(HCO_3)_2$$

이 원리로, 이산화탄소가 녹아든 빗물이 서서히 탄산칼슘을 녹이는 거야. 바다에 들어간 칼슘은 바닷물 속 이산화탄소나 수소 이온의 농도 변화에 따라 일부는 다시 탄산칼슘으로 변해서 침전해. 이렇게 해서 해저에 차곡차곡 쌓였다가 조산작용 때문에 지상에 모습을 드러낸 것이 석회암이지. 대리석은 탄산칼슘이 지하에서 고온과 고압에 의한 변성작용을 거쳐서 재결정한 거고. 또 바닷물 속 칼슘의 일부는 생물에 들러붙어 조개껍데기가 되기도 해.

칼슘은 사람 몸에서도 중요한 원소야. 사람 몸에 있는 칼슘 중 대부분은 뼈나 치아가 되지만, 그중 극히 일부는 혈액 속에서 뇌나 심장의 작동에 중요한 역할을 해. 이 혈액 중 칼슘 농도는 극히 일정하게 유지되는데 만약 조금이라도 이상이 생기면 뇌나 심장 작동에 바로 문제가 생기지. 그래서 성인은 하루에 약 600mg의 칼슘을 섭취해야 해.

스칸디나비아반도에서 발견된 원소

스칸듐 Scandium

가돌리나이트 산지를 기념하여, 라틴어 Scandia(남부 스칸디나비아반도)를 따서 지은 이름.

주기율표를 1A부터 순서대로 한번 훑어보자. 원소 중에는 무척 친숙한 것도 많고, 이름만 아는 원소도 절반 이상 있을 거야. 주기율표 위쪽의 제4주기 원소 정도까지가 어디서 듣거나 읽은 적이 있는 것들이 아닐까? 그런데 그중에서도 몇 가지 예외가 있어. 적어도 3A족과 5A족의 원소에 대해서는 "지금까지 한 번도 들은 적이 없다."라고 말하는 사람이 많을 거야. 스칸듐은 3A족의 맨 처음에 나오는 원소인데, 생소한 원소 중 하나야.

이들 원소는 희토류원소라고 불려. 여기서 '토'는 알루미늄(산화물)을 말하니까 희토류는 '알루미늄을 닮은 희소한 부류'라는 뜻이야. 스칸듐은 옛날에 사용했던 단주기 주기율표에서는 3족으로서 알루미늄 밑에 자리하고 있었어.

주기율표의 3A족이 있는 곳을 조금 더 살펴보면, 스칸듐 밑에는 이트륨이 있는데, 이것도 역시 생소한 편이야. 그 아래 두 개의 칸에는 란타넘족, 악티늄족이라고만 쓰여 있고 원소 이름이 쓰여 있지 않아. 거기에는 15개씩의 원소가 빼곡히 들어가기 때문에 밑에 따로 표기된 거야. 이렇게 표기하는 이유는 나중에 배울 테지만, 일단 3A족이 독특한 원소들의 모임인 것만은 틀림없어.

희토류원소는 화학적인 성질이 서로 아주 비슷하고, 지각 내 존재비가 '희소'하여 오랫동안 알려지지 않았어. 스칸듐도 예외가 아니야. 멘델레예프는 스칸듐이 아직 발견되기 전에 에카붕소라는 이름으로 그 존재를 예언했어. 그 뒤 1879년에 스웨덴 화학자 닐손 (1840~1899)이 가돌리나이트에서 스칸듐을 추출하는 데 성공했지.

가돌리나이트는 희토류원소를 다량 함유하는 규산염 광물로, 핀란드의 유명 화학자 요한 가돌린(1760~1852)을 기념해서 이름지어졌어. 가돌린은 희토류원소 화학의 새로운 막을 연 인물로 유명해.

다른 희토류원소는 최근 새로운 용도가 발견되어 크게 주목을 받고 있지만, 스칸듐만은 별달리 눈에 띄는 용도가 발견되지 않은 채 변함없이 평범한 존재로 남아 있어. 스칸듐은 보통 텅스텐 제련의 부산물로 얻을 수 있어.

원자핵

원자핵은 양성자와 중성자로 이루어지고 이 둘을 합해 '핵자'라고 불러. 또 핵자의 총수, 즉 양성자의 수 Z(원자번호와 같음)와 중성자의 수 N의 합 'Z+N'을 질량수라고 해. 질량수(A=Z+N)는 원자의 질량에 대한 대략의 기준이 되지. 핵자는 핵력(핵의 힘)이라고도 불리는 강력한 힘으로 결합되어 있는데, 어떤 양성자 수(Z)와 중성자 수(N)의 결합이든 항상 안정된 원자핵이 생기는 건 아니야. 어떤 양성자 수 Z에 대해 같은 핵자 덩어리들이 단단히 결합해서 안정된 원자핵이 될 수 있는 중성자 수 N의 수치는 한정돼 있어.

오른쪽 도표에는 안정된 원자핵을 만드는 양성자 수 Z와 중성자 수 N의 결합이 나타나 있어. 여기에서 벗어난 원자핵은 자연 상태에서는 안정적으로 존재하지 않는 거야.

도표에서 알 수 있듯이 원자핵이 가벼운(Z의 수치가 작은) 경우에는 중성자 수가 양성자 수와 거의 같을 때 안정적이고, 원자핵이 무거워지면(Z의 수치가 큰) 점차 양성자 수보다 중성자 수가 큰 원자핵이 안정적으로 돼. 어떤 양성자 수의 수치, 즉 하나의 원소에 대해 가장 안정적인 원자핵을 만드는 중성자 수가 한 가지뿐이라고는 할 수 없어.

이렇게, 한 원소에 중성자 수(따라서 질량수)가 다른 몇 가지 원자핵이 존재할 때, 그것들은 서로 동위원소 관계에 있다고 말해. 동위원소는 화학적 성질은 같지만 질량이 다른 원자로, 그 구별을 질량수로 나타내. 예를 들어, 탄소(Z=6)는 질량수 12의 동위원소(중성자 수 6)와 질량수 13의 동위원소(중성자 수 7)가 자연 상태에 존재하고, 이들을 각각 탄소 – 12(기호는 ^{12}C), 탄소 – 13(^{13}C)이라고 불러. 자연 상태의 탄소는 ^{12}C가 98.89%, ^{13}C가 1.11%인 혼합물이야.

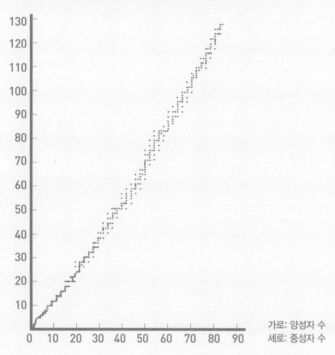

안정된 핵의 양성자 수와 중성자 수의 관계

가로: 양성자 수
세로: 중성자 수

　탄소는 중성자 수가 다른 동위원소인 ^{11}C과 ^{14}C 등도 알려져 있는데, 모두 불안정하고 방사성원소야. 가장 무거운 원소를 보면, 예를 들어 아이오딘(원자번호 53)의 안정된 동위원소는 아이오딘 - 127인데, 이 원자핵은 양성자 수가 53개인데 비해 중성자 수는 74개(127 - 53)라서, 중성자 수 쪽이 상당히 많다는 걸 알 수 있지.

전투기를
만드는 원소

 **타이타늄(티탄)** Titanium

그리스신화에 나오는 거인족 타이탄과 관련된 이름.

귀를 찌르는 굉음에 섞여 '끼~' 하고 몸을 뚫고 지나가는 듯한 금속음이 들려. 내가 사는 도쿄의 다마 지방은 공군기지 바로 옆에 있지는 않지만, 저공 비행하는 전투기 소리에 잠을 설치는 일이 종종 있어. 공군기지의 절반 정도가 모여 있는 오키나와 주민들은 어떻게 지내려나 싶은 생각이 머릿속을 스치곤 하지. 일본은 평화로운 나라라고 하지만, 무기로 지켜낸 평화가 과연 무언가 싶기도 하고. 하지만 그런 생각에 잠길 틈도 없이 전투기는 굉음만 남기고 그 모습을 감추지. 엄청나게 빠른 녀석인 건 분명해. 이 전투기야말로 타이타늄 덩어리야. 전투기 기체의 3분의 1이 타이타늄으로 만들어져. 정찰기는 거의 100% 타이타늄 합금이야.

타이타늄은 비교적 최근에 이용하게 된 금속이야. 밀도는 4.5로 가

법고 내열성도 좋고 쉽게 훼손되지 않아. 가공도 쉽고 기계적인 성질도 우수해서 모든 면이 갖추어진 금속이지. 거의 모든 금속과 합금을 만들고 광범위한 용도에 쓰여.

타이타늄은 루틸(산화타이타늄) 등의 광석에서 추출하는데, 그 산지는 브라질, 오스트레일리아 등이야. 하지만 이들 나라가 소비하는 양을 모두 합한 것보다 미국이 수입해서 비행기나 전차를 만드는 데 사용하는 양이 훨씬 많아. 지금 세계에 자원 위기 상황이 닥치고 있는데, 군수물자 생산이라는 이름의 자원 낭비는 점점 더 심해지고 있어.

"전쟁은 발명의 어머니이다."라는 말이 있지. 독가스를 발명한 제1차 세계대전은 '화학전쟁'이라 불리고, 핵폭탄을 발명한 제2차 세계대전은 '물리전쟁'이라 불려. 무기 연구를 통해 다양한 새로운 기술이 생기는 것도 분명한 사실이야. 하지만 사람을 죽이기 위한 발명에 대해서는 다시 생각해 볼 필요가 있어.

타이타늄은 바닷물에 훼손되지 않아서 심해 잠수조사선이나 해양 설비 등에 쓰이고, 이산화타이타늄(TiO_2) 루틸은 백색 안료로 널리 쓰이지.

바다 생물에 풍부한 원소

바나듐 Vanadium

스칸디나비아의 미와 사랑의 여신 Vanadis에서 나온 이름.

원자번호가 작은 원소 중에서 친숙하지 않은 원소를 들자면, 스칸듐과 바나듐이 쌍벽을 이룰 거야. 화학에 강한 사람이 아니라면 이런 원소의 존재조차 모르는 사람도 많고, 미의 여신의 이름을 딴 것이 아깝다고 말하는 사람도 있을 거야.

그런데 그건 사람의 관점에서 하는 말이고, 군소나 해우나 멍게 등에게는 바나듐이 글자 그대로 미의 여신일지도 몰라. 이런 바다 생물에는 바나듐 세포라는 게 있는데, 거기에는 산화바나듐과 단백질이 결합해서 생긴 색소가 다량 함유되어 있어서 V_2O_3을 함유한 것은 녹색을, V_2O_4을 함유한 것은 파란색을, V_2O_5을 함유한 것은 주황색을 띠지. 군소 1kg에는 바나듐 0.1g이 함유되어 있다니 놀랍지?

그렇다면 '무엇 때문일까?' 하고 이유가 궁금해지는데, 이에 대해서는 아직 제대로 밝혀진 게 없어. 먼저 생각해 볼 수 있는 것은 사람 혈액 속 헤모글로빈처럼 산소 운반 능력이 있는 게 아닌가 하는 추측이야. 하지만 어찌 보아도 바나듐 색소에는 그런 능력이 없는 걸로 보여. 그렇다고 전혀 쓸모가 없는 건 아니고, 어떤 식으로 호흡에 관여하고 있는 듯해.

잘 알지 못하는 내용이지만, 인간이나 다른 포유류의 몸에도 미량의 바나듐이 있다고(사람은 15㎎) 알려져 있어. 그게 어떤 역할을 하는지는 밝혀지지 않았는데, 동물실험 결과로는 당뇨병을 억제하는 작용을 한대.

자연계는 매우 불가사의한 세계이고, 인간이 이해할 수 없는 것도 수없이 많아. 우리는 이 사실을 항상 잊지 말아야 해.

바나듐은 생소하지만, 클라크수 23위로 결코 적은 원소가 아니야. 그래도 단독 광물은 거의 없고, 화학적 성질도 복잡한 탓에 순수한 금속으로 추출하기 어려워서 거의 이용되지 않았어. 최근에 와서 강철 강도를 높이는 데에 자주 쓰이고 있지. 강철에 바니듐을 소량(0.1% 정도) 첨가하면 강철의 결정 입자가 작아져서 기계적인 힘(당기거나 굽히는 등)에 강해져. 이런 합금으로는 몰리브데넘바나듐 철강, 크로뮴바나듐 철강 등이 유명해.

아름다운 색깔을
내는 원소

㉔─Cr ● **크로뮴(크롬)** Chromium

그리스어 chroma(색깔)에서 나온 이름. 1797년에 보클랭이 발견.

크로뮴 화합물은 그 이름처럼 화려한 색을 띠는 것이 많아. 크로뮴은 일반적으로 3가와 6가의 원자가를 갖고, 수용액 안에서 크로뮴 이온(Cr^{3+})이나 크로뮴산 이온(CrO_4^{2-}) 중크로뮴산 이온($Cr_2O_7^{2-}$)의 형태를 취하고, 다양한 금속이나 분자와 결합해. 그 결합방식에 따라 붉은색에서 보라색까지 대부분의 색깔로 변화하기 때문에 옛날부터 크로뮴 화합물은 다양한 안료로 쓰였어. '현대적인 색'이라는 레이저에도 크로뮴은 빼놓을 수 없지.

어떻게 해서 색을 띠는 걸까? 색은 '여러 가지' 원인으로 나타나는데, 일반적으로 빛 속에서 특정한 파장(일정한 퍼짐을 가진 파장 영역인 경우가 많다.)의 빛이 흡수되었다가 반사되었다가 하는 과정을 통해 색을 띠는 거야. 여러 가지 화합물의 수용액이나 투명한 결정이 화려한 색을 띠는 것은 그것과 보색 관계에 있는 파장 영역에서 빛을 흡수하기 때문이지(반대로 스스로 빛을 내는 발광체의 색은 그 물질이 그 색의 파장을 가지는 빛을 내놓기 때문이야.). 물질은 원자나 분자의 결합 양상에 따라 특정한 에너지를 흡수하거나 방출하면서 특정한 상태로 변해. 물질의 상태 변화는 '아무렇게나' 되는 것이 아니므로, 변화에 필요한 에너지도 정해져 있어. 그 에너지에 대응하는 특정 파장의 빛이 흡수되어 그 보색 관계의 색깔을 눈으로 보게 되는 거야. 크로뮴 화합물이 여러 가지 색을 띠는 것은 크로뮴의 화학결합에 관계하는 d전자(크로뮴에서는 아르곤의 외곽 껍질에 $3d^5 4s^1$의 전자가 있어.)가 자유자재로 모습을 바꾸어 다양한 상태로 변하기 때문이야.

크로뮴이 만드는 색채 중 가장 멋진 건 루비의 색채일 거야. 루비는 기본적으로 산화알루미늄의 결정이지만 알루미늄 이온(Al^{3+})의 극히 일부가 크로뮴 이온(Cr^{3+})으로 바뀌어 있어. 그 미량의 크로뮴 이온의 d전자 상태 변화에 따라 빛의 흡수가 이루어져 화려하고 선명한 붉은 색을 띠는 거야. 루비뿐만 아니라 보석의 미묘한 색은 그 안에 포함된 미량 원소 때문인 경우가 적지 않아.

크로뮴 금속은 공기 중에서 안정되고, 긴 시간 내버려 두면 산과 반응하지 않는 부동태 상태가 돼. 이건 부식에 강하기 때문에 도금 등에 자주 쓰이지. 그 밖에 스테인리스강을 만들 때 철, 니켈과 함께 재료로 쓰여. 단, 6가의 크로뮴 화합물은 독성이 강해서 주의가 필요해.

건전지에
많이 쓰이는 원소

 **망가니즈(망간)** Manganese

'Magnesia (→Mg)' 또는 그리스어 manganizo(아름다워지다)에서 유래한 이름.

지상의 자원이 부족해지면서 최근 해저 자원이 주목받게 됐어. 그 중 가장 대표적인 것이 망가니즈단괴인데, 이게 아주 흥미로워. 철과 망가니즈를 다량 포함한 산화물계의 적갈색 둥근 덩어리로 깊은 바다 바닥에 널리 분포되어 있어. 보통 지름 수 센티미터에서 수십 센티미터에 이르는 것까지 있어.

왜 이런 것이 생겼는지 아직 충분히 밝혀지지 않았는데, 상어 이빨이나 화산재 등을 핵으로 긴 시간에 걸쳐 천천히 성장해 온 것 같아. 성장 속도는 엄청 느린데, 연대 측정 방법으로 측정해 보면 1000년에 1㎜ 정도의 비율로 성장해 온 듯해.

1000년에 1㎜씩이면 지름 10cm의 덩어리로 성장하려면 10만 년이 걸리는 셈이지. 그중에는 더 느리게 성장하는 것도 있어서 그것을 시료로 삼아 지구의 오랜 역사를 살피는 것도 가능해. 겹겹이 둘러싼 층을 바깥쪽부터 측정하며 들어가다 보면 차츰 더 오래된 시대의 기억을 품은 층을 만나게 되거든.

망가니즈단괴에는 다른 광물자원도 함유되어 있어서 여러 나라가 경쟁적으로 개발에 착수했어. 그러나 성급한 개발을 진행하면 지상에서처럼 환경파괴가 일어나고, 강대국에 의한 해저 자원 독점 문제도 생겨날 거야. 그러니 대규모 개발은 매우 신중하게 이루어지지 않으면 안 될 일이야.

망가니즈는 바깥쪽에 있는 일곱 개의 전자배치가 $3d^5 4s^2$로, 이 다섯 개의 d전자가 다섯 가지의 d궤도에 하나씩 들어가 있어. 이러한 배열에서는 일곱 개 전자 중 어느 것이나 다른 원자와 결합할 수 있어서 기본적으로는 0가부터 7가까지의 산화수를 취할 수 있어. 이런 이유로 망가니즈는 화학 실험실에서 가장 고민스러운 원소인 동시에 가장 다채로운 모습을 보여 주는 물질이기도 해.

망가니즈의 산화수에 대응해서 예를 들어, 망기니즈 이온(Mn^{2+})은 연홍색, 망가니즈산 이온(MnO_4^{2-})은 녹색 등 빨간색부터 보라색까지 다양한 색이 나타나. 그중에서도 흑자색을 띠는 과망가니즈산포타슘은 강력한 산화제로서 실험실에서도 자주 사용돼.

망가니즈는 특히 강철 등에 첨가되어 금속의 성질을 강하게 하는 데에도 쓰여.

원소의 기원

　수소나 헬륨의 원자핵은 우주가 탄생한 최초의 빅뱅 속에서 생겨났어. 그보다 무거운 원소는 별이 나타나고부터 수소나 헬륨이 여러 형태로 요리되어 생겨난 것들이야. 예를 들어, 헬륨(원자번호 Z=2) 원자핵이 세 개 결합하여 탄소(Z=6)가 되지. 여기에 헬륨이 또 하나 더해지면 산소가 돼. 이렇게 헬륨 반응으로 짝수 원자번호의 원소가 만들어졌어. 원자번호가 홀수인 원자는 수소가 반응하여 생겨났고.

　이런 반응이 일어나려면 온도가 몇억 도에 달해야 하는데, 별의 내부에서 중력 에너지가 그러한 고온을 만들지. 이렇게 고온에서 같은 원자핵들이 반응해서 커다란 원자핵이 되는 것을 핵융합이라고 해. 원자핵 안에 있는 핵자의 결합 강도를 원자번호로 구성한 아래 표가 이 구조를 이해하는 데에 참고가 될 거야.

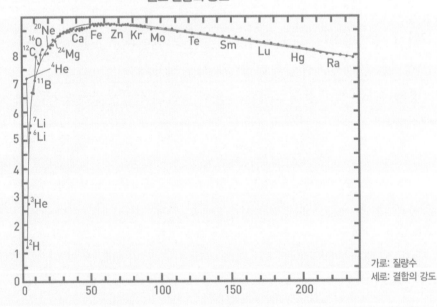

원소 결합의 강도

철 주변에서 원자핵 내부의 핵자 결합이 가장 강하게 이루어지고, 원자핵이 안정적인 상태임을 알 수 있어. 원자핵이 안정적이라는 건 에너지가 낮은 상태라고 할 수 있어. 그래서, 원소 합성이 진전됨에 따라 원자핵은 안정화되고 여분의 에너지가 방출돼서 별의 온도는 더욱더 올라가는 거지. 그래도 철의 원자핵이 합성되는 단계가 되고 나면, 그 이후부터는 핵융합이 진전되지 않아. 철보다 큰 원자핵이 생겨나도 분해돼서 안정된 철로 돌아가 버려. 다시 말해 철은 핵융합의 종착역이야. 별의 내부에 점차 철이 쌓여 중심이 무거워지고, 별은 중력으로 인해 오그라들지. 내부가 엄청난 고압 상태가 되어 한계에 달할 때 별이 대폭발을 해. 이것이 초신성이야. 철보다 무거운 원소는 별이 폭발할 때 생겨나는 고밀도의 양성자나 중성자가 그때까지 생겨났던 원자핵과 순간적으로 반응해서 생긴 거야.

가장 중요한 금속

철 Iron

영어로는 'Iron'으로 그 기원은 그리스어 ieros(강하다)에서 옴.
원소기호 Fe는 라틴어 ferrum(철)에서 유래.

우리 생활에서 가장 중요한 금속원소가 무엇인지 묻는다면 '철'이라고 대답하는 사람이 많을 거야. 확실히 우리 생활에 사용되는 금속의 기본은 철이고, 또한 '붉은 피' 헤모글로빈의 중요한 성분이기도 해. 또 철을 만드는 자석도 현대 생활에서는 없어서는 안 되고, 지구의 자기도 지구의 중심에 있는 용해된 철에 의해 생겨났어.

그렇다면 철은 대체 어떤 특성 때문에 오늘날 같은 위치에 놓이게 된 걸까? 무엇보다 철은 우주나 지상에 풍부하게 존재해. 금속원소로서 클라크수는 알루미늄 다음인데, 알루미늄보다 단단하고 기계적인 강도도 커. 자연 상태에 풍부하게 존재하는 적철광(Fe_2O_3)이나 자철광(Fe_3O_4)을 탄소로 환원시켜 간단하게 금속을 얻을 수 있는 성질이 고대부터 철기 문화가 융성할 수 있었던 가장 큰 이유일 거야. 이게 바로 금속을 얻기 힘든 알루미늄과 다른 점이지. 철에 탄소를 여러 가지 비율로 녹여 넣고 그 비율을 달리하면 무쇠부터 각종 강철까지 다양한 성질을 갖는 금속을 만들 수 있어.

그렇다면 철은 왜 그렇게 풍부하게 존재하는 걸까? 원소의 기원에서 언급한 것처럼 철의 원자핵은 수많은 원자핵 중에서 가장 안정된 독특한 존재로, 핵자 결합이 가장 단단해. 그 안정성 때문에 철은 별 안에서 원소가 핵융합으로 태어났을 때 종착역 역할을 하는 원소였어. 그래서 철은 우주에도, 지상에도 풍부하게 존재하는 거야. 지구로 떨어지는 운석 중에서 운철은 소량의 니켈이나 황화철을 함유한 철 덩어리야.

철은 우리 몸에서도 아주 중요한 원소야. 혈액 중의 철을 운반하는 것은 트랜스페린이라는 단백질이고, 산소를 구석구석까지 운반하는 역할을 하는 단백질이 헤모글로빈이지. 헤모글로빈은 1분자에 4개의 철이 붙은 커다란 단백질인데, 이 철은 산소를 운반하는 역할을 해. 철은 Fe^{2+}와 Fe^{3+} 사이의 산화·환원이 비교적 쉬운데, 이것이 사람 몸 안에서 여러 가지 신호를 운반하는 등 중요한 기능에 도움을 줘.

푸른빛을 내는
원소

 **코발트** Cobalt

그리스어 kobalos(산에 사는 요괴)에서 나온 이름.

형제여.
자, 노를 저어 보자. 코발트의 저편을 향하여.
그곳은 물과 공기가 끊임없이 이어진다.
- 사라체네 나이트

코발트색이라고 하면 바다의 파란색, 산의 푸른색으로 바다가 없는 산동네에서 자라 과학을 싫어하고 소설과 시에 파묻혀 살던 시골 소년에게는 도시적인 화려한 느낌으로 기분 좋게 다가왔어. 코발트블루는 코발트와 알루미늄의 산화물로 대표적인 청색 안료인데, 코발트 화합물은 다채로운 색을 띠지. 염화코발트를 물에 녹이면 묽은 용액은 분홍색을 띠고, 농도를 높임에 따라 보라색에서 새파란 청색으로,

다음엔 더 짙은 청색으로 변해. 코발트색은 검붉은 하늘에서 점점 수평선으로 이어져 그대로 하늘이 바다로 녹아드는 그런 느낌을 주지.

크로뮴과 함께 주기율표 제8족, 제4주기인 철, 코발트, 니켈 세 원소는 다채로운 색을 제공하는 형제 원소야. 그중에서도 코발트가 가장 뛰어나. 그 색의 비밀은 착이온이 생기는 것에 있어. 착이온은 코발트 같은 원자가 다른 원자나 분자에서 전자를 받아 결합(배위결합)해서 이온이 되는 거지.

예를 들어, 유명한 코발트암민 착이온에서 코발트와 암모니아 분자의 결합은 :NH₃의 결합하지 않은 질소의 전자 두개가 코발트에 손을 뻗어 $Co \leftarrow NH_3$라는 배위결합을 만들어. 그 대표적인 것으로, 노란색을 띤 루테오코발트염화물은 아래와 같은 팔면체의 입체 구조가 되지. 이런 배위결합이 가능한 건 코발트 원자에 에너지 차이가 거의 없는 빈 궤도(d궤도)가 많기 때문이야. 그래서 다른 원자나 분자의 전자가 그 빈 궤도에 들어가기 쉬워.

그래서 이러한 결합으로 가시광선과 같은 에너지가 작은(파장이 긴) 빛을 흡수하고, 전자의 상태가 변하기 쉬워져서 여러 가지 화려한 색깔을 띠는 거지.

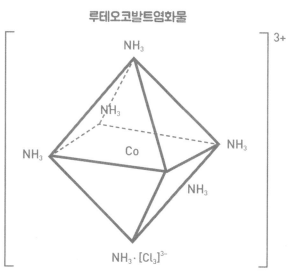

루테오코발트염화물

전지를
만드는 원소

니켈 Nickel

예전에 니켈광을 'kopparnickel'라고 불렀던 것에서 나옴.
Koppar는 '동', nickel은 '악마'란 뜻.

니켈의 이름은 '악마'라든가 '도움이 되지 않는 괴물'이라는 말에서 나왔다고 해. 그 어원은 니콜라스인데, 산타클로스로서 사랑받는 성인의 이름도 성 니콜라스야. 같은 철자지만, 한쪽은 사랑받는 성인, 또 다른 한쪽은 아무 도움이 되지 않는 존재를 대표하는 것처럼 불려. 니켈은 단단하고 용해되기 어렵고(녹는점은 1,455℃), 반응성도 떨어져서 오랫동안 쓸모가 없었는데 최근에 중요한 존재가 되었어.

니켈은 철과 달리 쉽게 산화되지 않아서 도금재로 자주 사용되었는데, 가격이 싼 도금재인 크로뮴이 나타난 뒤에는 스테인리스강의 중요 성분으로 쓰였어. 스테인리스강은 녹슬지 않는 철강으로 현대 생활에는 없어서는 안 될 물질인데, 철과 크로뮴과 니켈의 합금으로 만들어. 18-8 스테인리스강이라는 표현을 쓰는데 이것은 크로뮴 18%,

니켈 8%를 함유한다는 뜻이지.

니켈 봉을 전자석의 N극에 가까이 대면 철처럼 가까이 댄 쪽이 S극이고, 반대쪽 끝이 N극인 자석이 돼. 전자석에서 떨어뜨려도 자기는 남아 있어. 이런 성질을 강자성이라고 해. 반대로 전자석을 멀리 떨어뜨리면 자기가 사라져 버리는 성질은 상자성이라고 불러.

철, 코발트, 니켈의 삼 형제는 모두 강자성을 나타내. 이것도 이들 원자의 3d 전자의 성질로 설명할 수 있어. 대략 설명하자면 전자는 일종의 자전을 하는데, 이들 3d 전자의 일부가 자장에 걸리면 결정 안에서 자장의 방향으로 자전 방향(스핀)을 맞춰. 그래서 자장을 뺀 뒤에도 같은 방향을 향한 채로 남지. 이것이 강자성의 원인으로, 남은 자기가 전자의 자전을 만들어 내는 거야.

니켈의 온도를 올려 가다 보면 358℃에서 강자성의 성질이 사라져. 전자가 열의 영향으로 움직이기 쉬워지고, 자전의 방향이 여러 방향으로 흩어져 버리기 때문이야(이 온도 이상에서의 니켈을 상자성체라고 해.). 이 현상은 프랑스 물리학자 피에르 퀴리(1859~1906)가 지세히 연구하여 밝혀낸 것이어서 이 온도를 '퀴리온도'라고 불러.

최근에는 전자기기에 니켈카드뮴전지를 자주 사용하게 되었어. 니켈산화물을 양극, 카드뮴을 음극으로 하는 전지야.

동전을 만드는 금속

 **구리(동)** Copper

라틴어 'cuprum(동, 구리)'에서 나온 이름. 구리 산지 'Kypros(키프로스섬)'에서 유래.

주기율표 1B족에 속하는 금, 은, 동은 오랜 옛날부터 인류가 자주 사용해 왔던 금속이야. 화폐로도 쓰여서 화폐금속이라는 이름도 있는데, 화학적으로는 구리족(동족)이라고 불리고 서로 성질도 비슷해. 그 이유는 바깥쪽 껍질에 있는 전자의 배치가 구리는 $3d^{10}4s^1$, 은은 $4d^{10}5s^1$, 금은 $5d^{10}6s^1$로 아주 비슷하기 때문이야.

금속이라는 말에서 떠오르는, 전기나 열을 잘 전달하고 빛나는 광택을 띠며, 전성(얇게 펼 수 있는 성질)이나 연성(가는 선으로 늘릴 수 있는 성질)이 뛰어나고, 밀도가 크고 녹는점도 높은 등의 특징을 가장 많이 지니고 있는 게 구리족(동족)금속이야. 이 성질은 대부분 이들 금속을 만드는 결정 안에서의 전자의 움직임으로 설명할 수 있어.

구리에 대해 생각해 볼까? 구리는 아르곤의 닫힌 배열 바깥쪽에 10

개의 3d 전자가 배치되어 있고, 그 바깥쪽에 1개의 4s 전자가 있어. 3d 전자까지는 3번째 껍질(M껍질) 안에 있고, 4s 전자는 4번째 껍질(M껍질)에 하나만 들어 있어. 앞에서 4s 전자보다는 3d 전자의 에너지가 높다고 설명했는데, 그 차이가 미세하여 구리(동)와 같은 결정구조에서는 에너지 크기에 변화가 생겨서 4s 전자의 에너지 쪽이 조금 높아지기 때문에 4s 전자를 잡기 쉬워.

구리(동) 결정에서는 4s 전자가 원자에서 떨어져 구리 이온(Cu^+)이 돼. 원자에서 벗어난 전자는 한 원자에 구속되는 일 없이 가벼운 몸놀림으로 결정 안에서 자유롭게 움직일 수 있어. 이게 금속결합의 특징으로, 이런 전자를 자유전자라고 불러. 구리(동) 이온이 떠 있는 바다를 자유전자가 헤엄쳐 다니면서 같은 이온들 안에서 중개 역할을 하는 이미지를 떠올리면 될 거야.

자유전자의 가벼운 몸놀림이 전기나 열을 잘 전달하는 열쇠가 되지. 구리는 은 다음으로 전기가 잘 통하는 물질로 전선 등에 자주 쓰이는데, 그 가장 큰 이유는 구리가 1㎤ 중에 약 10^{23}(10조의 100억 배)개의 자유전자를 가지고 있기 때문이야. 자유전자의 밀도는 전기전도도를 결정하는 주요한 요소야. 자유전자가 거의 없는 물질은 절연체, 그 중간이 반도체가 되는 거지. 구리(동)는 열도 잘 전달하는데, 이것도 자유전자 덕분이야.

구리 안의 자유전자

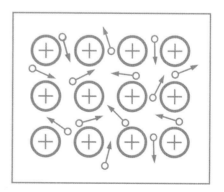

놋쇠와 함석을 만드는 원소

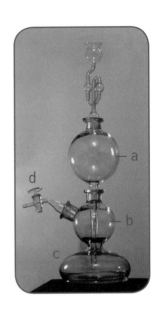

아연 Zinc

독일어 'zinken'에서 나온 이름으로 포크의 뾰족하게 갈라진 부분을 가리킴.
아연이 화로 밑바닥에 가라앉을 때의 모양을 표현한 것.

아연은 금이나 동처럼 화려하지 않지만 오래전부터 우리 생활에서 흔히 사용된 금속이야. 동과 아연의 합금인 놋쇠는 고대 그리스 때부터 사용된 합금이고, 함석도 아주 서민적인 금속이지.

아연이라고 하면 실험용 기체 발생 장치가 먼저 떠오르는 사람이 많을 거야. 화학 실험에 꼭 등장하는 장치거든. 미야자와 겐지의 『삼 형제의 의사와 북두 장군』이라는 유쾌한 작품에는 다음 같은 기묘한 장면이 나와.

갑자기 조수들이 둘러싸고 아주 커다란 유리로 된 기체 발생 장치를 꺼냈다. 호트란칸 선생님은 그 바닥 쪽의 큰 마개를 벗기고
"자, 들어가렴." 하고 병자에게 말했습니다. 병자는 무척이나 귀찮고

힘든 듯한 모습인데 겁까지 먹어 부들부들 떨면서 그 안으로 기어들어 갔습니다. (중략) 조수 한 명이 위쪽 깔때기에서부터 묽은 염산을 '슈-우' 하고 부었습니다. 병자는 유리병 안에서 엷게 휘어져 비칩니다. 염산이 마침내 병자가 있는 곳에 다다르자 '부글부글' 커다란 거품이 생겨나기 시작했습니다.

　장치 안에(b) 아연을 넣고 위(a)에서 묽은 황산 액체를 부어서 황산이 아연에 닿으면 수소 기체가 발생해(염산을 사용해도 좋지만, 염산을 사용하면 발생한 수소 기체에 염화수소가 섞이기 때문에 일반적으로는 쓰지 않아.). 이게 실험실에서 수소를 얻기 위해 사용하는 기체 발생 장치(킵 가스 발생기)지.

$$Zn + H_2SO_4 = ZnSO_4 + H_2 \uparrow$$

　'부글부글' 하고 수소가 나오면 b의 내압이 높아져 액체가 c에 떨어지고 반응을 멈춰. 마개 d를 열어 수소를 빼내면 압력이 떨어져 액체가 다시 올라가서 다시 b에서 반응이 시작되지. 간단하게 보이지만 굉장히 유능한 장치라고 할 수 있어. 그 뛰어난 구조가 마음에 들어서 미야자와 겐지도 작품에 등장시키고 싶었을 거야.
　최근에는 마그네슘 부분이 아연으로 바뀌어 들어간 '아연클로로필'이 어떤 종류의 박테리아에서 발견되어 주목받고 있어.

주기율표

도레미파솔라시의 다음에는 다시 도가 오게 되지. 이런 식으로 같은 것들이 나열되거나 닮은 성질이 반복되는 것을 과학에서는 주기성이라고 불러. 영국 화학자 뉴랜즈(1837~1898)는 서로 성질이 비슷한 원소가 많은 원소의 세계에서도 그러한 주기성이 나타날 거라고 추측하고, 이걸 '옥타브 법칙'이라고 불렀어.

얼마 뒤 러시아 화학자 드미트리 멘델레예프(1834~1907)도 이런 발상을 하여 무엇을 기준으로 주기성을 정리하면 좋을지 고민했어. 1869년 3월 1일 아침, 멘델레예프는 치즈 공장 시찰을 가기 전 아침을 먹다가 갑자기 어떤 생각이 떠올랐어. '맞아! 원자량 순서대로 원소를 나열해 주기성을 정리해 보면 어떨까?' 그런 생각이 떠오르자, 식탁 위에 놓여 있던 친구가 보낸 편지의 여백에 원소를 나열하기 시작했지.

이러한 생각을 기초로 멘델레예프는 주기율표를 잇달아 완성했는데, 하다 보니 곤란한 문제가 생겼어. 예를 들어, 당시 알려져 있던 63개 원

주기율표를
처음 만든
멘델레예프

Series	Zero Group	Group I	Group II	Group III	Group IV	Group V	Group VI	Group VII	Group VIII
0	z								
1		Hydrogen H=1·008							
2	Helium He=4·0	Lithium Li=7·03	Beryllium Be=9·1	Boron B=11·0	Carbon C=12·0	Nitrogen N=14·04	Oxygen O=16·00	Fluorine F=19·0	
3	Neon Ne=19·9	Sodium Na=23·05	Magnesium Mg=24·1	Aluminium Al=27·0	Silicon Si=28·4	Phosphorus P=31·0	Sulphur S=32·06	Chlorine Cl=35·45	Group VIII
4	Argon Ar=38	Potassium K=39·1	Calcium Ca=40·1	Scandium Sc=44·1	Titanium Ti=48·1	Vanadium V=51·4	Chromium Cr=52·1	Manganese Mn=55·0	Iron Fe=55·9 Cobalt Co=59 Nickel Ni=59 (Cu)
5		Copper Cu=63·6	Zinc Zn=65·4	Gallium Ga=70·0	Germanium Ge=72·5	Arsenic As=75·0	Selenium Se=79	Bromine Br=79·95	
6	Krypton Kr=81·8	Rubidium Rb=85·4	Strontium Sr=87·6	Yttrium Y=89·0	Zirconium Zr=90·6	Niobium Nb=94·0	Molybdenum Mo=96·0	—	Ruthenium Ru=101·7 Rhodium Rh=103·0 Palladium Pd=106·5 (Ag)
7		Silver Ag=107·9	Cadmium Cd=112·4	Indium In=114·0	Tin Sn=119·0	Antimony Sb=120·0	Tellurium Te=127	Iodine I=127	
8	Xenon Xe=128	Caesium Cs=132·9	Barium Ba=137·4	Lanthanum La=139	Cerium Ce=140	—	—	—	Osmium Os=191 Iridium Ir=193 Platinum Pt=194·9 (Au)
9	—								
10	—	—		Ytterbium Yb=173	—	Tantalum Ta=183	Tungsten W=194		
11		Gold Au=197·2	Mercury Hg=200·0	Thallium Tl=204·1	Lead Pb=206·9	Bismuth Bi=208			
12			Radium Rd=224		Thorium Th=232	Uranium U=239			

멘델레예프의 단주기 주기율표

소를 1족에서 8족까지(아직 비활성기체는 알려지지 않았어.) 원자량 순서대로 정리하고 주기율표를 채워 나가자 아무리 봐도 빈칸으로 남겨 놓는 게 나을 듯한 곳이 몇 군데 생긴 거야. 멘델레예프는 이것들을 아직 발견되지 않은 원소라고 생각했어. 또, 당시 알려져 있던 베릴륨의 원자량은 14였지만, 그렇게 가정하면 질소와 원자량이 같아져서 같은 원자량의 원소가 두 개가 되지. 그런데 멘델레예프는 그 당시 생각과 달리 베릴륨 산화물이 Be_2O_3가 아니라 BeO라고 예측하여, 거기서 원자량을 9.4(실제로는 9.01)로 거의 정확하게 추정했어.

멘델레예프가 완성한 주기율표는 이 책에 표기된 것과는 달라서 단주기 주기율표라고 부르는데, 1A족과 1B족, 2A족과 2B족 등이 구별되어 표기되지 않았어. 그래도 그 주기율표는 오늘날 봐도 놀라울 정도로 완성도가 높았어. 주기성 이론은 시간이 지나면서 그 타당성이 밝혀졌지만, 처음에는 학계에서도 반대 의견이 많았어. 그런 비판들을 이겨 내고 주기율표가 정착하게 된 가장 큰 이유는 멘델레예프가 주기율표에 기초해서 했던 예언들이 잇달아 적중했기 때문이야.

쉽게
녹아내리는 금속

갈륨 Gallium

발견자 부아보드랑이 조국 프랑스의 옛 이름 Gallia를 따서 지음.

멘델레예프의 주기율표 이론이 얼마나 탁월했는지 보여 주는 가장 좋은 예가 바로 갈륨 발견에 얽힌 이야기야. 갈륨 덕분에 멘델레예프의 명성이 높아졌거든.

멘델레예프의 머리에 '원소의 주기성'이라는 아이디어가 떠올랐던 건 1869년이고, 그로부터 2년 뒤인 1871년에 주기성 이론을 거의 완성하여 논문으로 발표했어. 그 논문에서 이미 멘델레예프는 미발견 원소 몇 개를 주기율표에서 빈칸으로 두고, 거기에 들어갈 원소의 성격을 예측했어.

당시 미발견 상태였던 갈륨은 에카알루미늄(Ea, 알루미늄의 아래 칸)으로 이름 짓고 "휘발성 유기금속화합물이나 염소화합물(무수)를 만든다."라거나 "그 황화물은 물에 녹지 않는 불용성이고, 황화암모늄에서 Ea_2S_3는 침전한다."라고 썼어. 그리고 Ea(현재의 갈륨)의 원자량을 약 68, 밀도를 약 5.9로 예상했지.

그로부터 4년 뒤에 멘델레예프의 이론을 지지했던 프랑스 화학자 폴 부아보드랑(1838~1912)이 센(크로아티아 리카센주에 위치한 도시)의 아연광에서 갈륨을 발견했어. 부아보드랑이 최초로 측정했던 갈륨의 밀도는 4.7로 멘델레예프의 예상보다 작았지만 불순물이 섞여 있기 때문일 거라고 생각했어. 그래서 다시 측정한 결과 밀도는 5.91로 밝혀져 멘델레예프의 예측이 보기 좋게 맞아떨어졌어. 멘델레예프의 주기율표 이론이 확립된 데에는 이 원소의 발견이 큰 힘이 되었지.

금속원소 중 녹는점이 제일 낮은 것이 수은인데, 상온에서 액체 상태를 유지해. 갈륨은 수은 다음으로 녹는점이 낮아서 29.8℃로, 더운 여름날에는 녹아 버리지. 갈륨은 최근 비소와의 화합물인 갈륨비소(GaAs)가 우수한 특성을 지닌 것으로 알려져 공업에서 중요해졌어. 발광다이오드(자동초점카메라 등), 반도체레이저(CD 등), FET(장효과 트랜지스터, 전계 효과 트랜지스터) 등 첨단 기술 분야에서 널리 쓰이고 있지.

반도체인
원소

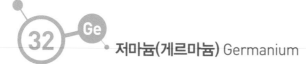

저마늄(게르마늄) Germanium

1886년 독일의 빙클러가 발견해 그의 조국 독일(Germany)을 기념해서 지은 이름.

멘델레예프는 갈륨과 함께 저마늄의 존재를 예견하고 에카규소(규소의 아래 칸)라고 이름 지었어. 그로부터 십수 년 지난 뒤에 저마늄이 발견되었지. 저마늄은 반응성이 없는 원소로 발견 뒤에도 그다지 이용되지 않았는데, 최근에 와서 반도체로 널리 쓰이게 되었어. 오늘날에는 완벽에 가깝다는(순도 99.99999999%) 순수한 저마늄도 얻을 수 있게 됐지. 이런 순수한 저마늄을 얻는 데는 '존 멜팅'이라는 독특한 정제법이 사용돼.

먼저 사염화저마늄($GeCl_4$)이 휘발성인 것을 이용하여 증류를 반복해 순수한 염화물을 추출해(사염화저마늄은 실온에서 액체인데, 끓는점은 86.5℃로 낮아. 염화물이 액체라는 점이 이 원소의 주목할 만한 특징이야.). 그런 다음 이 염화물을 잘 정제한 물과 반응시켜 이산화저마늄(GeO_2)를 만들어. 이걸 수소로 환원하면 순물질인 저마늄을 얻을 수 있어. 완벽에 가까운 고순도 저마늄을 추출하려면 이걸 다시 진공 상태에서 용융시키고 아주 느린 속도로 냉각시켜 순수한 모양의 결정을 만들어 가야 해. 이렇게 얻은 저마늄은 반도체로서 전기 기술이나 전자공학 분야에서 많이 쓰이는 물질 중 하나야.

여기서 반도체에 관해서 조금 살펴보자. 전자를 잘 통하게 하는 것, 즉 전도하는 것은 일반적인 금속의 성질이야. 금속결정 안에 있는 자유전자 덕분이지(89쪽 참조). 그에 반해 반도체인 저마늄은 그 결정이 저마늄 원자의 공유결합 때문에 생겨. 공유결합에서는 원자가 전자를 강하게 붙잡아서 가볍게 움직이지 못하기 때문에 전기가 통하기 어려워. 그런데 저마늄 결정의 온도를 올리면 열 덕분에 전자가 가볍게 움직이게 돼. 이렇게 온도를 올리면 전기가 잘 통하게 되는 물질을 반도체라고 해.

여기서 주의할 점은 도체와 반도체의 차이점이야. 금속의 전기저항은 일반직으로 온도가 올라가면 커져. 도체에서는 이 원리대로 온도가 오르면 금속결정 안에 있는 원자들의 흔들림이 격렬해져서 자유전자의 이동이 방해를 받아 저항이 증가해. 다시 말해, 도체와 반도체에서는 완전히 반대의 현상이 일어난다는 것에 주의할 필요가 있어.

독약을
만드는 원소

33 · As ● 비소 Arsenic

그리스어 arsenikos(강한 독으로 작용한다.)에서 나온 이름.

비소라고 하면 독약이라는 이미지가 떠오를 거야. 비소는 원자가 3
가와 5가의 화합물을 만들지만, 강한 독성을 띠는 것은 이 중 가장 흔
한 3가 화합물인 아비산(As_2O_3)이야. 1998년에 일본을 들썩이게 했
던 '비소 카레 사건'에 사용된 것이 바로 이것이야. 비소는 이탈리아
보르지아 가문의 독살 사건이나 추리소설 등에서 독성 물질로 등장하
곤 하는데, 그것들은 모두 하얀 분말의 아비산이야. 그런데, 비소에는
도로쿠 광산에 얽힌 슬픈 이야기가 있어.

일본 미야자키현 도로쿠 광산은 오래전부터 은 광산으로 번영했고,
그 뒤에 1918년부터 1971년까지는 비소 광산으로 약 50년 넘게 조업
을 했어. 거기서 했던 것은 '아비 구이'라는 거야. 먼저 광산에서 캐낸
황비철석(FeAsS)을 가루로 찧고 물에 풀어서 사람이 맨발로 섞어 주

먹 만한 크기의 완자로 만들어. 그걸 가마에 구우면 아비산이 생기는데, 휘발성이 있어서 연기 모양으로 흘러나와. 그 연기를 연실로 끌어들여 냉각시켜서 하얀 아비산 분말을 만들지. 이게 조제 아비산인데, 공장에서 다시 정제하여 상품으로 만들어.

여자들은 완자를 만들고, 남자들은 주로 가마 구이를 했는데, 화장을 하거나 수건을 둘러맨 정도 말고는 거의 무방비로 작업을 했어. 얼마 뒤, 작업을 했던 사람들이 중독으로 쓰러져 갔지. 굴뚝에서 뿜어져 나오는 연기에도 아비산이 다량 함유되어 있어, 바람이 많이 불었던 도로쿠 마을은 온통 눈이 내린 듯한 모습이었어. 그런데도 광산의 조업은 계속됐지. 특히 아비산은 의약품이나 독가스 병기로 다량 이용되었고, 일본은 그 수출국이었기 때문에 도로쿠 마을 사람들은 '나라를 위해' 열심히 일했지. 앞에서 말한 작업 기간에 사고나 전쟁이 아닌 이유로 그 지역에서 희생된 사람은 92명이고, 그들의 평균수명은 겨우 39세에 지나지 않았어.

아아, 원한의 광산이요, 도로쿠 강이요
지금은 물고기도 개구리도 그림자 하나 보이지 않는
기에몬 저택의 사람들처럼
잇달아 죽어간 수십 명의 사람

피해자 중 한 사람인 사토 스루에 씨는 이렇게 읊었어. 화학물질의 개발이 기업의 횡포와 연관되어 일어난 비참한 사건이었어.

빛을 인식하는 데 이용되는 원소

34 Se **셀레늄** Selenium

그리스어 Selene(달의 여신)이란 말에서 유래.

셀레늄은 주기율표에서 황과 같은 부류로, 성질도 황과 비슷해서 −2가, +2가, 4가, 6가의 다채로운 화합물을 만드는 원소야. 하지만, 황보다는 훨씬 금속성이 크지. 이 점은 셀레늄이 3d 전자를 가지는 것과 관계가 있을 거야(황의 전자배치는 $1s^2 2s^2 2p^6 3s^2 3p^4$, 셀레늄은 $1s^2 2s^2 2p^6 3s^2 3p^6 3d^{10} 4s^2 4p^4$이 되는 것을 확인하자.). 셀레늄은 수많은 동소체가 있는데 가장 잘 알려진 것은 금속 셀레늄이야. 사실 순수한 금속이라기보다는 반도체로 옛날부터 정류기로 자주 이용되었어. 반도체 치고는 빛에 민감한 것으로 유명해.

달의 여신과 연관되어 이름이 붙여진 것은 완전한 우연이지만, 셀레늄은 그 이름에 어울리는 성질을 갖고 있어. 1873년 아일랜드의 발렌시아섬에서 셀레늄으로 만든 가감저항기를 쓰던 기술자가 기묘한 현상을 발견했어. 밤보다 낮에 태양 빛이 비칠 때 셀레늄 막대기에 전기가 더 잘 통한다는 걸 알게 된 거야. 그때부터 셀레늄은 빛을 인식하는 데 이용되었지. 금속 셀레늄에 빛이 닿으면 전기전도도가 급속히 증가해. 앞으로 루비듐(106쪽 참조)에서 설명할 광전효과와 비슷한 현상이 일어나서 전기를 운반하는 전자(전도전자)가 생기기 때문이지. 특히 셀레늄은 에너지가 낮은 빛(주황색이나 붉은색)을 감지하기 때문에 이 성질을 이용해 광도계나 광전지, 사진 전송 등에도 쓰여.

여기서 스웨덴 화학자 옌스 베르셀리우스(1779~1848)를 알아 둘 필요가 있어. 1817년에 셀레늄을 발견한 베르셀리우스는 19세기 전반 최고의 화학자로서 실험에 기초해 원소들을 차례차례 규명해 냈어. 돌턴의 원자설을 지지해서 그 실험적 증명을 뒷받침하기 위해 원소의 원자량을 정밀하게 측정을 하는 등 대단한 노력을 기울였어. 그 결과 주요 원소의 원자량을 모두 측정하고, 2천 개 가까운 화합물의 조성을 밝혀냈어. 또 셀레늄 말고도 세륨이나 토륨 등 새로운 원소를 발견했으며, 처음으로 타이타늄이나 지르코늄 등 많은 금속의 순물질 분리에 성공했지. 현재와 같은 화학기호의 사용을 처음 제안했다는 것만으로도 베르셀리우스의 이름은 화학사에서 영원히 기억될 거야.

냄새가
지독한 원소

브로민(브롬) Bromine

지독한 냄새 때문에 그리스어 bromos(냄새나다)라는 말에서 유래.

　나는 어릴 때 '브로마이드(브로민화은을 감광제로 사용한 대형 사진)'를 '프로마이드'라고 발음하곤 했어. 어느 날 형이 정확한 발음을 가르쳐 줘서 친구들 앞에서 '브로마이드'라고 정확히 발음했는데 오히려 웃음거리가 되었지. 그날부터 다시 '프로마이드'라고 불렀어. 지금도 어린 시절의 추억을 돌이켜 보면 '프로마이드'라는 발음이 떠올라.

　브로마이드는 브로민 화합물을 가리키는 것으로 정확히는 브로민화은(AgBr)이야. 사진 또한 빛을 이용한 화학반응의 세계라 할 수 있는데, 필름에는 가는 입자 상태의 브로민화은이 전면에 깔려 있어서 여기에 빛이 닿으면 브로민화은의 분해가 일어나.

$$Br^- + 빛 \rightarrow Br + e^-$$

$$Ag^+ + e^- \rightarrow Ag$$

이건 빛의 에너지를 이용한 은의 환원작용인데, 환원된 금속 상태의 은이 빛에 닿은 정도에 따라 상이 만들어지는 거야. 이렇게 만들어진 상이 바로 눈에 보이지는 않아. 사진이 만들어지는 원리는 그리 간단하지 않거든.

은은 완전히 환원되는 것이 아니라 그 중간 단계에 머물러. 그래서 여기에 하이드로퀴논 같은 환원제를 넣어 환원반응을 완성하는 거야. 이게 '현상'인데, 이 과정을 거치면 사진의 상이 처음 눈앞에 나타나.

그런데 이 필름을 그대로 빼내면 남겨진 브로민화은이 빛을 감지해 버려. 그래서 빛을 감지하지 않은 브로민화은을 씻어 내야 하는데, 이 과정이 '정착'이야. 이 작업에는 싸이오황산소듐 용액을 사용해. 정착 반응은 결코 단순하지 않지만, 다음과 같은 수식으로 나타낼 수 있어.

$$2AgBr + Na_2S_2O_3 \rightarrow Ag_2S_2O_3 + 2NaBr$$
$$Ag_2S_2O_3 + Na_2S_2O_3 \rightarrow Ag_2S_2O_3 \cdot Na_2S_2O_3$$
$$Ag_2S_2O_3 \cdot Na_2S_2O_3 + Na_2S_2O_3 \rightarrow Ag_2S_2O_3 \cdot 2Na_2S_2O_3$$

대략 이런 반응을 통해 마지막에 생긴 소금을 물로 씻어 내는 거야. 이런 과정을 통해 생긴 음화지로 다시 한 번 같은 작업을 거치면 흑백사진이 완성돼. 컬러사진의 경우에는 삼원색에 대응하는 색소를 사용하지만, 그것도 기본은 역시 화학반응이지.

브로민은 할로젠족에 속하고 상온에서 그 순물질이 액체인 흔지 않은 원소 중 하나야. 하지만 독성이 아주 강해서 다루는 데 상당한 주의가 필요해.

피부암을
일으키는 원소

크립톤 Krypton

그리스어 cryptos(숨겨진 것)에서 나온 이름.

추리소설 매니아라면 '크립톨로지(cryptology)'라는 영어 단어를 알지도 몰라. 추리소설의 재미 중 하나는 암호 해독인데, 암호학을 일컬어 '크립톨로지'라고 해. 그런데 크립톤이라는 이름의 유래를 알면 이 어려운 영어 단어도 쉽게 기억할 수 있어.

크립톤은 비활성기체 중에서도 대기 중 존재량이 적고 오랜 시간 개발되지 않았던 '숨겨진 존재'였어. 그래서 이런 이름이 붙었을 테지만…… . 비활성기체의 발견이 어려운 것은 이들이 다른 원소와 잘 반응하지 않기 때문이야. 전자껍질이 닫혀서 다른 원자의 전자와 손을 잡으려고 하지 않거든. 예전에는 비활성기체는 절대로 화합물을 만들지 않는다고 했는데, 최근에는 비활성기체도 여러 가지 화합물을 만든다는 사실이 밝혀졌어(146쪽 참조).

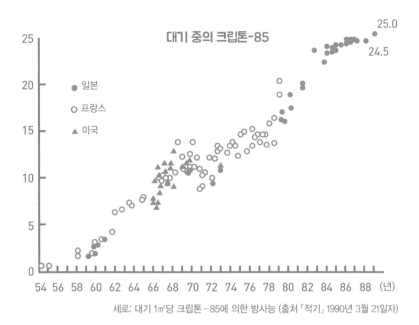

대기 중의 크립톤-85

- 일본
- 프랑스
▲ 미국

세로: 대기 1㎥당 크립톤-85에 의한 방사능 (출처 「적기」 1990년 3월 21일자)

이 숨어 있던 원소인 크립톤이 최근 들어 크게 알려지게 됐어. 핵발전소에서 수명이 다한 연료 안에 쌓이는 방사성 기체 크립톤-85가 연료 폐기물이 화학 처리(재처리)될 때 한꺼번에 대기 중에 방출되거든. 그 양이 대형 재처리 공장에서는 30~50경($3\sim5\times10^{17}$)베크렐에 달해서 대기 중의 크립톤-85 오염도를 눈에 띄게 증가시키지.

크립톤-85는 반감기가 10.8년 정도인 기체로 에너지가 낮은 β선(베타선)과 극소량의 γ선(감마선)을 방출하여 인체에 피폭(피부암) 문제를 일으켜. 위 도표를 보면 수명이 긴 크립톤-85가 대기 중에 축적되어 오염이 진행되어 가는 양상을 실제 측정한 수치를 통해 분명히 알 수 있어. 이 정도 수치만으로도 건강이나 기후에 영향이 있다고 지적하는 사람이 있어. "수치가 낮으니까"라는 이유로 축적되는 오염을 미래 세대에 물려주어도 괜찮은지 진지하게 생각해야 할 때야.

빛과 인연이
깊은 원소

루비듐 Rubidium

라틴어 rubidus(빨강)에서 나옴. 루비듐 스펙트럼의 두 개의 빨간 선에서 유래.

　루비듐이라는 이름을 들으면 "루비와 관계있는 건가?" 하고 생각하는 사람이 많을 거야. 물론 루비는 산화알루미늄의 결정에 크로뮴을 더한 것으로 루비듐과는 직접적인 관계가 없어. 하지만 어원은 같아서 둘 다 빨간색을 가리키는 말에서 나왔지. 루비듐의 이름은 불꽃반응에서 보이는 붉은색에서 온 거야. 이름이 말하는 것처럼 루비듐은 빛과 인연이 깊은 원소지. 전형적인 알칼리금속이기 때문에 닫힌 전자껍질의 바깥쪽에 있는 전자 한 개가 떨어져 나가 이온으로 잘 변해. 루비듐은 반응성이 풍부한 원소지만 전자의 가벼운 움직임 때문에 빛에 감지되기 쉬워.

　빛을 전기로 바꾸는 기술은 현대 전기 기술의 기본 중 하나야. 텔레비전 카메라나 영화의 사운드트랙 등은 모두 이것의 응용이지. 이는

'광전효과'를 이용한 것으로, 물질이 빛 에너지를 흡수해 자유전자가 생기는 현상을 말해. 빛을 받아 금속 등에서 나오는 전자를 '광전자'라고 불러.

전자가 금속 표면에서 나오려면 일정한 에너지가 필요한데, 그 에너지의 크기는 금속 종류에 따라 달라. 금속마다 그 표면에 일정한 높이의 장벽이 있어서 광전자가 나오려면 그 장벽을 넘지 않으면 안 된다는 식으로 생각하면 돼. 장벽의 높이에 따라 필요한 에너지도 달라.

알칼리금속은 장벽이 낮아. 특히 루비듐이나 세슘의 경우 에너지가 낮은 가시광선으로도 전자가 나올 수 있을 정도로 장벽이 낮지. 그런 이유로 이 금속들이 빛에 감지되기 쉬운 거야.

실제로 빛을 전류로 바꾸려면 광전관이라는 장치가 필요해. 광전관은 보통 왼쪽 사진처럼 생긴 일종의 2극 진공관이야. 광음극의 표면에는 세슘(또는 루비듐) 산화물 막이 씌워져 있어서 빛이 닿으면 광전자를 내보내. 그 전자가 전기장을 통해 양극에 모여 전류로 바뀌는 거야. 같은 원리로 광전지 등도 만들 수 있어.

방사능

원자핵 편(70쪽 참조)에서 설명했듯이, 하나의 원소에도 중성자 수 N 이 다른 동위원소가 몇 개든 존재할 수 있어. 그중 어떤 것은 안정적이라 특별한 자극을 받지 않는다면 언제까지라도 변하지 않고 계속 존재하는데, 이게 일반적으로 자연에 있는 원자들이야. 예를 들어 탄소의 경우 $^{12}_{6}C$, $^{13}_{6}C$라는 두 개의 안정동위원소가 있다는 걸 배웠어.

그것 말고도 탄소는 질량수 9에서 16까지, 6개의 동위원소가 알려졌어. 이것들은 불안정해서 남는 에너지를 방출하고, 더 안정된 원자핵으로 자리 잡아. 이런 현상을 방사성붕괴(핵붕괴)라고 하는데, 이때 남는 에너지는 방사선 형태로 방출되고 방사능의 원인이 되지.

탄소-14를 예로 들어 생각해 볼까? 탄소-14는 안정된 양성자와 중성자의 결합에 비해 원자핵이 다소 중성자 과잉 경향이야. 탄소-14가 음의 전하를 띠는 전자(베타선)를 하나 내보내면 질소-14가 되지. 이러한 붕괴를 베타붕괴라고 하는데, 결과적으로, 탄소-14(Z=6, N=8)의 중성자가 하나의 양성자로 변해서 질소-14(Z=7, N=7)가 된 것에 해당해. 과잉 경향 중성자가 양성자로 변해서 안정된 결합이 되었다고 봐도 좋아.

다른 한편, 탄소-11은 중성자 부족 경향으로, 양전하를 띠는 전자(양전자)를 내보내서 안정된 붕소-11로 변해. 중성자 부족 경향의 원자핵은 양전자를 방출하지 않고 궤도전자를 잡아 원자번호가 하나 아래인 원자핵으로 변하기도 해('전자포획'이라고 해.). 그 밖에 알파 입자를 방출하는 형태의 붕괴도 있지.

원자핵의 붕괴 속도는 다양한데, 붕괴 속도를 나타낼 때 '반감기'라는 말을 써. 이건 붕괴 때문에 원자 수가 절반으로 줄어들 때까지 걸리는 시

간을 나타내는데, 반감기가 짧을수록 붕괴가 빨라. 예를 들어 탄소-14
는 반감기가 5,730년인데, 이건 5,730년이 지나야 겨우 원자의 수(방사
능의 강도라고 해도 돼.)가 반으로 줄어든다는 뜻으로 아주 느린 속도의
붕괴야. 이에 비해, 탄소-11은 반감기가 약 20분으로, 원자핵이 상당히
불안정해서 붕괴도 빨라.

어느 순간에 N_0개의 방사성동위원소가 있다고 가정하면, 시간 t가 경
과한 뒤의 수 N은 다음과 같아.

$$N = N_0 e^{-0.693t/T}$$

여기에서 T는 원자핵의 반감기로, 이것이 방사성붕괴를 나타내는 수
식이야.

불꽃놀이의
붉은색을 내는 원소

 **스트론튬** Strontium

스코틀랜드 지명 Strontian에서 나온 이름.

불꽃놀이는 한여름에 빠질 수 없는 놀이지. 그중에서도 밤하늘을
갖가지 색으로 수놓는 커다란 규모의 불꽃놀이를 보면 더위를 단번에
잊을 수 있어. "뺑" 소리를 내며 솟아올라 "팡" 하고 노란 꽃을 피운 뒤
녹색, 빨간색, 파란색으로 점점 그 빛깔이 변하지. 불꽃의 여러 빛깔
중에서 화려한 붉은빛을 내는 것이 바로 스트론튬이야. 그리고 이 불
꽃놀이는 마치 밤하늘에 펼쳐지는 화학 실험실 같아. 소듐은 불꽃의
노란빛을 내고, 스트론튬은 붉은빛, 바륨은 녹색 빛, 구리는 푸른빛을
내지.

불꽃놀이는 먼저 중심에 흑색화약을 배치하고 그 주변을 화약 구슬
로 둘러싸서 만들어. 흑색화약은 초석(질산칼륨, KNO_3)에 탄소 분말
과 황을 섞은 물질로, 먼저 고온에서 초석의 폭발적 분해가 일어나 산

소가 발생하고 황과 산소가 연소해 고열이 발생하는 구조야. "펑"하고 먼저 화약이 폭발한 뒤, 적당한 높이에서 주변에 배치됐던 물질에 차례대로 불이 붙어. 여기에는 소듐, 바륨, 스트론튬 화합물 등이 차례로 배합되어 있어서 노란색, 녹색, 붉은색 빛을 내. "슛슈ー" 소리를 내며 격렬하게 타오르듯 푸르고 흰 빛을 내거나 별처럼 반짝반짝 빛나게 하는 것은 마그네슘과 알루미늄 분말의 연소, 즉 산화반응 덕분이야. 약품을 절묘하게 배합해 변화무쌍한 화학반응을 만들어 내는 것이 불꽃놀이 제조 기사의 기술이야.

스트론튬은 칼슘과 함께 알칼리토금속에 속하는 원소야. 스트론튬의 순물질은 가볍고, 녹는점이 낮고, 은백색을 띠는 금속이야. 클라크 수는 22위로 암석 중에도 적지 않게 들어 있는데, 쓰임새가 없어서 눈에 띄지 않는 존재였지. 그런데 스트론튬ー90이라는 방사성동위원소가 최근 세상을 떠들썩하게 했어. 이건 우라늄이 핵분열할 때 다량 생겨나는 동위원소로 미국이나 구소련 같은 핵보유국이 대기권 내에서 핵실험을 할 때 다량 빙출되어 성층권의 기류를 타고 세계 곳곳으로 퍼져 흩어졌어.

칼슘과 성질이 비슷한 스트론튬은 인체에 흡수되면 뼛속으로 파고들어. 스트론튬에서 방출되는 베타선에 뼈가 피폭되면 뼈암이나 백혈병의 원인이 돼. 인공적으로 만들어진 방사능의 오염이 진행되면 어떤 일이 벌어질까? 세슘이나 아이오딘 편을 읽고 나서 생각해 보자.

레이저에
쓰이는 원소

39 **Y** 이트륨 Yttrium

가돌리나이트(가돌린석) 안에서 발견되어 그 산지인
스웨덴 마을 Ytterby를 기념해서 지음.

별로 친숙하지 않은 희토류원소 화합물이 최근 레이저 기술이 발달
하면서 갑자기 유명해졌어. 그 화합물은 YAG(이트륨알루미늄가넷)
인데, 이트륨과 알루미늄의 산화물이야. YAG는 효율이 높아서 큰 출
력을 낼 수 있는 고체 레이저로서 현재 가장 많이 쓰이고 있어.

레이저라고 하면 강력한 빛의 증폭 발진 장치라는 막연한 이미지로
만 알고 있을 거야. 그런데 여기서 빛의 증폭이라는 건 어떻게 이루어
지는 걸까? 루비가 붉은빛을 띠는 것은 그것과 보색 관계인 색을 흡수
하기 때문이야. 루비 결정 안에 들어간 크로뮴 이온이 낮은 에너지 상
태에서 빛에너지를 흡수해 높은 에너지 상태로 변하기 때문이지. 이
높은 에너지 상태에서 다시 낮은 에너지 상태로 돌아갈 때는 빛의 방
출이 일어나.

일반적으로 에너지가 낮은 상태가 안정적이기 때문에 보통의 물질 상태에서는 크로뮴 같은 이온의 대다수가 가장 낮은 에너지 단계에 있어. 그 단계에서 밖에서 빛을 비추면 전적으로 에너지 흡수만 일어나지. 하지만 높은 에너지 상태에 있는 이온이 많아지도록 잘 만들어 주고(단계의 역전이라 해.) 외부에서 빛을 비추면 낮은 에너지 상태로 급격히 돌아가. 이때 그 에너지 차이에 상당하는 정확히 같은 파장의 빛(단색광)이 한꺼번에 방출되는데, 이게 레이저의 증폭 원리야.

레이저 빛에는 다른 빛에는 나타나지 않는 특징이 있어. 빛은 일종의 고저파(진행 방향에 직각으로 진동하는 파동)로 파동의 산과 골짜기가 번갈아 나타나. 태양 빛이나 전등 빛은 '아무렇게나' 불규칙한 모양을 하고 있어서, 연못에 돌을 던졌을 때 일어나는 파문과 달리 같은 모양이 나란히 배열되지 않아. 먼저 생긴 파동의 산과 나중에 따라오는 파동의 산이 연달아 이어지지 않는 거야. 이런 점 때문에 빛은 전파와 달리 자유자재로 조종하기 어려워.

그런데 레이저 빛은 파동의 높이가 나란해. 다른 빛이 흉내 낼 수 없는 이런 특징이 레이저 빛의 가치를 높여 주지. 또 레이저 빛은 잘 모아진 평행 광선이라 한곳에 집중할 수 있고, 머나먼 달에까지 닿을 수 있어. 그래서 무기로 악용될 수 있다는 위험성도 있지.

연료봉에 쓰이는 원소

지르코늄 Zirconium

보석인 지르콘에서 유래하며 아라비아어 zar(금)+qun(색). '금색'이라는 뜻.

스리마일섬 핵발전소 사고는 1979년 3월 미국 펜실베이니아주에서 일어났는데, 방사능이 대량으로 유출되어 세계를 놀라게 했어.

유출된 방사능은 원자로에서 우라늄이 연소하고 남은 핵분열 찌꺼기(핵분열 생성물)였어. 연료봉을 감싸고 있던 금속이 파손되는 바람에 연료봉 안에 쌓여 있던 방사능이 흘러나와 발전소 바깥으로 유출되었지. 그 당시 연료봉을 감싸고 있던 금속이 바로 지르코늄이야.

지르코늄은 지르콘($ZrSiO_4$)이라는 보석에 함유된 금속원소로 기계적인 성질이 뛰어나고, 약품 등에도 쉽게 훼손되지 않아 이용 가치가 높아.

지르코늄이 원자로에서 우라늄 연료봉에 이용된 것은 또 다른 결정적 이유가 있어. 지르코늄은 자연 상태에 존재하는 금속 중 중성자를 가장 흡수하기 힘든 물질이거든. 원자로는 중성자를 이용해 핵분열을 일으켜 열을 빼내는 역할을 하는 장치이기 때문에 거기에 사용되는 물질이 중성자를 다량으로 흡수하면 곤란해. 지르코늄처럼 고온에 비교적 강하고, 중성자를 잘 흡수하지 않는 물질이 적합하지.

스리마일섬 핵발전소 사고에서는 원자로의 냉각수가 적어져 연료봉이 과열되는 바람에 약 900℃ 정도의 고온에서 수증기와 지르코늄이 반응하여 급격히 산화, 즉 타 버린 거야.

$$Zr + 2H_2O = ZrO_2 + 2H_2 \uparrow$$

지르코늄은 금속으로서 뛰어난 면이 많은데, 비교적 산화되기 쉽다는 약점 때문에 원자로에 쓰일 경우 큰 사고로 이어질 가능성이 있었던 거야.

그런데 지르코늄이 타서 방사능이 유출된 것 말고도 더 심각한 문제가 일어났어. 이 반응으로 인해 다량 발생한 수소가 커다란 거품으로 쌓여서 자칫 잘못하면 대폭발을 일으킬 우려가 생겼던 거야. 사고 이틀 뒤에 유아와 임산부에게 피난 명령이 내려진 것은 그 때문이었지.

스리마일섬 핵발전소 사고가 일어나고 많은 시간이 지났지만, 지르코늄이 어느 정도 반응해서 파손되었는지 등 전모를 명확히 밝히는 것은 아직 숙제로 남아 있어.

초전도를 일으키는
원소

나이오븀 Niobium

탄탈럼에서 분리되어 발견되어 그리스신화에 나오는
탄탈럼로스의 딸 이름인 'Niobe'를 따서 지음.

헬륨 액화 덕분에 초저온이 실현되어 완전히 새로운 세계가 펼쳐
진 일에 대해서는 앞에서 이미 간단히 설명했어. 헬륨 액화에 성공하
여 초저온 세계의 문을 연 건 네덜란드의 과학자 카메를링 오너스로
1908년의 일이었어.

3년 뒤에 오너스는 자신이 개척한 초저온 기술을 구사한 실험에서
그때까지 전혀 알려지지 않았던 기묘한 현상을 발견했어. 4K 부근에
서 수은의 전기저항이 완전히 소멸해 버린 거야. 보통 전기는 금속 원
자의 그물코(격자) 사이를 빠져나가는 자유전자에 의해 운반되는데,
이 그물코가 열에 의해 흔들리면 전자가 통과하는 데 방해가 돼. 이게
전기저항의 원인이지. 온도가 낮아지면 그물코의 흔들림이 줄어서 저
항도 점점 작아져. 그런데 오너스가 발견한 현상은 이것과 완전히 달

랐어. 특정 온도(임계온도라고 해.)에서 갑자기 저항이 사라졌던 거야. 이런 현상을 바로 초전도라고 해. 그 뒤로 이런 성질을 보이는 금속이나 합금이 많이 발견되었어.

그런데 초전도가 일어나는 원인에 대해서는 오랜 기간 밝혀지지 않았어. 현재는 초저온에서 전자가 두 개씩 쌍을 이루기 때문에 그물코와 상호작용을 하지 않으면서 그물코의 흔들림에 방해받지 않고 전기를 운반할 수 있다고 설명하지.

전기저항이 없는 전선을 만들 수 있다면, 저항 때문에 전류를 잃지 않고 운반할 수 있어. 이 기술을 잘 이용하면 여러 가지가 가능해지는데, 특히 커다란 자장이 필요한 가속기나 핵융합 등에 이용할 수 있어. 그러려면 되도록 임계온도가 높은 금속을 사용하는 게 좋아. 이 경우 극단의 저온 상태가 필요 없으니 이용하기도 쉽지.

금속 중에서 가장 임계온도가 높은 게 나이오븀이야. 게다가 나이오븀과 바나듐의 합금, 나이오븀과 갈륨의 합금 등 나이오븀 합금은 임계온도가 더 높아. 그 덕분에 나이오븀은 초전도를 실현하는 금속으로 큰 주목을 받게 되었지.

나이오븀은 내열성이 크고 가공도 비교적 쉬워. 다른 금속과 합금하면 내열성이나 기계적 성질을 강화하기 때문에 널리 쓰이고 있어. 하지만 존재량이 적어서 초전도자석 등에 대량 이용하기는 어려워.

질소고정에
필요한 원소

몰리브데넘 Molybdenum

그리스어 molybdos(납)에서 나옴. 납 광석에서 발견된 것에서 유래.

몰리브데넘은 지상 존재량은 많지 않지만, 세계 곳곳에 분포되어 있어. 그 덕분에 철강을 강화하는 첨가물로 광범위하게 사용되고 있지. 화학적으로도 2, 3, 4, 5, 6의 원자가를 취해서 다양한 화합물을 만들기 때문에 흥미로운 원소야. 무엇보다 몰리브데넘의 가장 놀랄 만한 점은 자연계에서 매우 흥미로운 역할을 한다는 것인데, 이 사실은 의외로 잘 알려지지 않았어.

그것은 몰리브데넘이 공기 중의 질소를 생물이 고정하는 데 열쇠 역할을 한다는 거야. 질소 편(28쪽 참조)에서 아조토박터 등 콩과 식물의 뿌리에 기생하는 박테리아에 의해 공기 중 질소가 고정되고, 그것에 의해 질소가 생물에 도움이 되는 형태로 바뀐다는 걸 설명한 적이 있어.

수소와 질소에서 암모니아를 만드는 하버법으로 고정되는 질소가 매년 8,500만 톤 정도인데, 생물이 고정하는 질소는 무려 9,000만 톤 ~1억 7,500만 톤에 달해. 역시 생물의 힘과 생태계가 위대하다는 게 느껴지지?

그런데 이 질소고정에 가장 큰 역할을 하는 효소가 몰리브데넘 – 철 – 황단백질이라는 게 밝혀졌어. 이 단백질 분자는 분자량이 20만을 넘을 만큼 거대해서 그 구조를 완전히 알 수는 없는데, 몰리브데넘의 강한 산화력으로 공기 중에 있는 N^2의 N≡N이라는 튼튼한 결합을 깨고 질소가 환원돼서 암모니아(NH_3)를 만든다고 해.

지상이나 지하, 공중에서 이런 다양한 원소가 독자적인 역할을 해서 생태계가 균형 있게 유지된다는 것은 놀랄 만한 일이야. 인간은 이러한 균형을 무너뜨리지 않도록 개발을 신중하게 진행해야 해.

몰리브데넘은 '몰리브덴'이라는 이름으로도 불리는데, 이건 독일어 명칭(Molybdän)에 따른 거야. 몰리브데넘처럼 일상생활에서는 원소의 국제 명칭과 달리 불리는 원소가 몇몇 있어.

처음으로 만든
인공원소

테크네튬 Technetium

그리스어 technetos(인공의)에서 나온 이름.

멘델레예프와 마이어가 주기율표에 대한 이론을 명확히 한 1870년대 이후, 그때까지 발견하지 못했던 많은 원소가 연달아 발견됐어. 이러한 발견이 가능했던 건 주기율표의 어느 칸에 어떤 원소가 있을지 예상할 수 있게 되고, 각종 분석 수단이 발달한 덕분이야.

하지만 1930년대에도 주기율표에는 아직 몇 군데 빈칸이 남아 있었어. 특히 납보다 무겁고 방사성의 불안정한 원자핵이 될 거라고 예상되었던 원자번호 43번과 61번, 두 개의 원소가 자연 상태에서 발견되지 않는 건 큰 수수께끼였어. 당연하게도 많은 화학자가 이 수수께끼에 도전했지.

그러던 중에 43번 원소가 의외의 방식으로 발견됐어. 이 일은 원소하나를 발견한 것 이상의 의미가 있었지. 1937년에 이탈리아의 페리에와 세그레가 사이클로트론이라는 가속기를 사용해 고에너지로 가속한 중수소의 원자핵을 몰리브데넘에 충돌시켜 새로운 방사성동위원소를 만드는 데 성공한 거야. 이 동위원소는 망가니즈와 레늄과 아주 유사한 화학적 성질을 나타냈는데, 이후 43번 원소로서 인정되어 '테크네튬(인공원소)'라는 이름이 붙었지.

테크네튬이야말로 인류가 처음으로 만든 인공원소였어. 그 양은 100억 분의 1g으로 아주 조금이었지만 '연금술사의 꿈'이 이때 실현되었다고 할 수 있어. 테크네튬이 자연 상태에서 발견되지 않고 인공적으로만 합성된 것은, 그 사정을 살펴보면 당연한 일이야. 이 원소에는 안정동위원소가 전혀 없어. 별 안에서 원소들이 생겨났던 때에 테크네튬도 분명히 생겨났을 테지만 당시 만들어진 테크네튬 동위원소는 수명이 짧아서 태양계와 지구에서 살아남지 못했던 거야.

페리에와 세그레의 발견도 물론 당시 시대 흐름에 도움을 받았어. 1934년에 프레데리크 졸리오퀴리와 이렌 졸리오퀴리(마리 퀴리의 딸)가 인류 역사상 처음으로 인공방사능을 만들어 냈어. 1930년에는 미국의 어니스트 로런스가 원자핵 연구를 위한 강력한 무기인 사이클로트론을 고안해 냈지. 원자핵 연구가 급속히 발전했던 이 시기는, 제2차 세계대전으로 세계가 요동치던 때였어. 그 시대를 상징하는 '연금술사의 꿈'은 이후 핵폭탄 제조로 이어졌지.

왕수에도
녹지 않는 금속 1

루테늄 Ruthenium

라틴어의 Ruthenia(러시아), 즉 러시아 학자 오산이 발견한 데서 나온 이름.

주기율표의 제8족, 제5, 제6주기의 여섯 원소인 루테늄, 로듐, 팔라듐, 오스뮴, 이리듐, 백금은 서로 성질이 닮아서 백금족원소라고 불려. 특히 제5주기의 세 원소, 제6주기의 세 원소는 많이 닮아서 삼 형제 같은 원소야.

이 금속들은 모두 아름다운 은백색을 띠며 녹는점이 높고 산화나 부식이 잘 되지 않는 귀금속다운 성질을 지니고 있어. 밀도가 크고 전성(늘어나는 성질)도 풍부하지. 같은 금속 중에서도 알칼리금속과는 눈에 띄는 대조를 보이는데, 그 이유는 이들의 금속결정이 자유전자를 갖는 구조이기 때문이야.

왕수는 금속의 왕인 금까지 녹이는 산으로 유명한데, 보통 아세트산과 염산을 1대 3의 비율로 섞은 거야.

$$HNO_3 + 3HCl \rightleftharpoons Cl_2 + NOCl + 2H_2O$$

이때 나오는 염소는 '발생기의 염소'라고 하는데, 반응성이 높아. 또 염화나이트로실(NOCl)도 반응성이 높은 화합물이지. 양쪽 모두 강한 산화제라서 금속 대부분을 산화시켜 녹여 버려.

이 왕수에도 녹지 않는 금속이 백금족원소 중에 있어. 백금족원소는 지상에 그 존재량이 적은데, 보통은 다른 금속의 광석 안에 순물질로 소량 섞여 있어. 예를 들어, 니켈이나 구리를 전해제련 하고 남는 불용 물질에 이 백금족원소가 포함되어 있지. 그중 최후까지 녹지 않고 남는 것 중 하나가 바로 루테늄이야.

루테늄은 백금족원소 중에서도 알려지지 않은 생소한 원소로, 다른 백금족원소의 경화제로 소량 첨가되는 정도로 쓰이고 있어. 그래도 이 원소는 0가부터 8가까지 모든 원자가의 화합물을 만드는 희귀한 원소로 화학적 성질이 아주 재미있어.

그중에 관심을 끄는 것은 시산화루테늄(RuO_4)인데 황색의 결정이고, 녹는점이 낮아서 25.4℃라 여름에는 그냥 녹아 버릴 정도야. 또 끓는점이 약 100℃로 휘발되기 쉬워서 상온에서도 휘발되는 일이 흔하고, 오존처럼 냄새가 나기도 해. 이런 성질은 주기율표에서 아래에 있는 오스뮴과 무척 유사하지. 이처럼 백금족원소의 성질은 주기율표의 가로, 세로로 옆에 있는 원소와 각각 비슷해.

왕수에도
녹지 않는 금속 2

로듐 Rhodium

그리스어 rodeos(장밋빛)에서 나온 이름. 로듐염의 수용액이 장밋빛을 띰.

로듐도 왕수에 녹지 않는 금속 중 하나야. 이처럼 약품에 쉽게 훼손되지 않고 공기 중에서도 잘 산화되지 않는 금속은 아주 편리하지만, 이런 특성이 동시에 약점이 되기도 해. 실험실에서 금속을 처리하거나 분석할 때 쉽게 녹지 않아 곤란하기 때문이지. 화학은 주로 원자나 분자의 반응을 다루는 학문이기 때문에 반응을 일으키지 않으면 알아낼 방법이 없어.

화학에서 원소의 존재를 확인하거나 그 양을 측정할 때 쓰는 가장 일반적인 방법은 먼저 물에 녹여 수용액 안에서 다양한 반응을 일으키게 하는 거야. 그런데 로듐처럼 쉽게 용해되지 않는 금속을 수용액에 녹이려면 어떻게 하면 될까? 유력한 수단 중 하나가 '융해'라는 방법이야. 먼저 잘 용해되지 않는 금속에 '융제'라고 불리는 특정 화합물을 다량 첨가해서 잘 섞어. 이걸 실험용 가마에 넣고 강하게 열을 가해서 융제를 용융시켜. 이때 금속도 같이 녹아들어 반응이 일어나서 물에 쉽게 용해되는 상태로 변해.

로듐은 융제로 황산수소소듐($NaHSO_4$)을 이용해서 융해하면 황산로듐($RH_2(SO_4)_3 \cdot 12H_2O$)이 되는데, 이것은 물에 녹아. 황산수소소듐은 널리 이용되는 뛰어난 융제 중 하나야. 로듐을 다른 금속에 도금하려면 이 황산로듐을 물에 용해하여 전기분해 하면 돼. 실제로 로듐은 반사율이 높아서 로듐 도금은 광학기계의 반사면 등에 널리 쓰이고 있어.

융해라고 하면 잊을 수 없는 추억이 있어. 바다 깊은 곳에 있는 진흙 속 방사능을 분석하던 때의 일로, 몇 킬로그램인지 모를 다량의 진흙을 녹이게 되었어. 그중 대부분은 플루오린화수소산을 사용해 녹였는데, 어떻게 해도 녹지 않는 부분이 10% 가까이 남았지. 남은 부분 1에 대해 8배 정도 중량의 탄산소듐을 융제로 첨가하여 잘 저은 뒤, 도가니에 넣어 버너로 가열해 녹였어. 실험에 사용한 도가니는 백금으로 만든 것이었는데, 비싸서 큰 것은 사용할 수 없었어. 어쩔 수 없이 작은 백금 도가니로 조금씩 덜어서 몇 날 며칠이나 융해 과정을 반복했지. 100g쯤 남은 분량을 전부 녹이는 데 한 달 정도 걸렸어. 한여름이었는데, 냉방도 되지 않는 실험실에서 계속 가열 작업을 하면서 실험이라는 게 끈기의 승부라는 사실을 새삼스레 깊이 느끼게 되었지.

수소를
흡수하는 금속

(46) **Pd** ● **팔라듐** Palladium

팔라듐이 발견되기 일 년 전에 발견된 소행성 Pallas를 기념하여 지은 이름.

수소 기체를 그 결정 안에 녹여 넣는 금속이 팔라듐이야. 백금족원소의 금속은 성질이 비슷한데, 특히 눈에 띄는 것이 팔라듐이지. 팔라듐은 상온에서 부피가 350~850배나 되는 수소를 흡수해 버려. 이건 팔라듐 금속의 원자가 만드는 그물코의 짜임새 안에 수소 원자가 꼭 맞게 들어가기 때문이야.

수소를 흡수한다는 건, 수소가 원자 상태가 되어 팔라듐의 고체 안에 녹아 들어간 거라고 볼 수 있지. 또 팔라듐과 수소가 화합물(수소화 팔라듐)을 만들었다고도 표현할 수 있어. 팔라듐 원자 10에 대해 수소 원자를 최고 6~7개까지 녹일 수 있어(이런 점에 착안하여 팔라듐이 어느 정도까지 수소를 흡수할 수 있는지, 앞에서 든 숫자를 참고하여 여러분들이 직접 확인해 보도록 하자. 팔라듐의 밀도는 12.02야.). 이렇게 고체 안에 작은 기체 원자가 들어갈 수 있는 특이한 화합물을 '침입형화합물'이라고 불러.

　팔라듐은 이러한 성질 덕분에 화학에서 중요한 존재가 되었어. 수소화반응에서 팔라듐이 아주 적합한 촉매로 쓰이거든. 촉매라는 것은 화학반응 전후에 자신은 변화하지 않으면서 반응을 촉진하는 역할을 하는 물질을 말해. 그럼 촉매는 어떻게 다른 물질의 반응을 촉진할까? 예를 들어, 팔라듐의 검은 분말인 팔라듐블랙은 다음과 같은 반응을 촉진해.

$$SO_2 + 3H_2 \rightarrow H_2S + 2H_2O$$

　이것은 이산화황을 환원해서 황화수소로 만드는 반응이야. 이때 수소는 촉매인 팔라듐에 흡수되어 원자 상태의 수소로 변해. 이 수소는 반응성이 풍부하여 이산화황 분자와 반응해 황화수소를 만들지. 이렇게 팔라듐이 수소와 이산화황 분자가 잘 반응하도록 도와주는 중개자 역할을 하는 거야.

　팔라듐은 백금과 성질이 아주 비슷하고 전기가 잘 통하는 물질인데 백금보다 저렴해서 합금으로 전지 접점, 저항선(은과의 합금), 열전기쌍(금이나 백금과의 합금) 등에 널리 쓰여. 백금족원소 중에서 비교적 반응성이 풍부한 물질로 산에 훼손되기 쉽고 묽은 질산에도 소량 용해되고, 왕수에 쉽게 용해돼.

귀금속으로
쓰인 원소

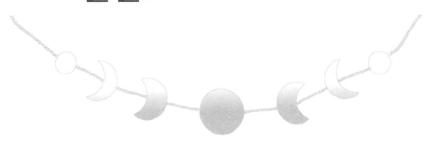

은 Silver

옛날부터 유럽에 '은(silver)'이라는 말이 있었고,
Ag는 그리스어 argyros(빛나는)에서 나옴.

옛날 연금술사들은 금을 태양 모양으로, 은을 초승달 모양으로 나타냈어. 그 기원은 고대 이집트로 거슬러 올라갈 정도로 오래되었지. 옛 시인들도 태양 빛을 황금에 비유하고, 달빛을 은에 비유해 왔어.

오! 저 멀리 가는 초승달은
배 그림자도 없이 황량한 바다에 빛난다.
오! 은빛의 초승달이여, 아련한 불빛에
셀 수도 없이 무수한 꿈들이 물결치는 것일까!
– 이탈리아 시인 단눈치오의 시

초승달이나 은의 빛나는 광채를 물리적으로 해석하면 모두 빛 반사율이 크다는 뜻이야. 다른 구리족 원소인 금이나 동이 노란색이나 붉은색를 반사하는 것에 비해, 은은 색을 띠지 않는 것이 특징이야. 가시광선의 모든 파장에 대해 반사율이 크기 때문이지.

연금술의 원소기호와 천체

금	태양
은	달
동	금성
수은	수성
철	화성
주석	목성
납	토성

은의 반사율이 큰 건 자유전자의 움직임 때문이야. 금속 표면에 버티고 있는 자유전자가 들어오는 빛을 되받아 튕겨 버리는 거지. 그런데 전자는 적당한 파장의 빛을 비추면 그 에너지를 흡수하여 한 단계 더 높은 에너지 궤도에 들어가려는 성질도 있어. 금속의 색과 광택은 이 미묘한 반사와 흡수의 균형으로 결정되지.

구리는 3d궤도와 그 바로 위인 4s궤도에서의 에너지 차이가 빛의 파장으로는 580㎚(나노미터=10억분의 1미터)인데, 이건 노란색에 해당해. 그런데 구리는 노란색보다 에너지가 큰(파장이 짧은) 빛의 흡수가 많아서 적동색을 띠는 것으로 보이는 거야. 은은 4d궤도와 5s궤도의 차이가 훨씬 커서 빛의 파장이 310㎚야. 이 수치는 자외선에 해당하기 때문에 가시광선은 흡수되지 않아서 색을 띠지 않아.

현대에는 은이 항상 금에 이어 두 번째로 취급되지만, 고대 이집트 등에서는 은이 훨씬 더 가치 있는 귀금속이었어. 은의 상대적 가치가 떨어지게 된 이유는 유럽 사람들이 남아메리카를 침략하여 대량의 은을 유럽에 들여왔기 때문이지. 은은 전기전도율과 열전도율이 금보다 훨씬 높을 뿐만 아니라 금속 중에서 가장 뛰어나.

이타이이타이병을 일으키는 원소

48 Cd • **카드뮴** Cadmium

그리스어 *Kadmeia*(흙)에서 나온 이름.
어원은 그리스신화의 카드모스(페니키아의 왕자)에서 유래.

　아연과 같은 2B족에 속하는 카드뮴은 보통 아연과 함께 산출되어 아연을 제련하고 남은 찌꺼기에 섞여 있어. 카드뮴은 유독한 금속인데, 일본 공해 역사 중에서 가장 비참한 사건에 등장해.

　도야마현의 진스가와 유역에서는 제2차 세계대전 이전부터 마을 주민들이 기묘한 질병에 자주 시달렸어. 농가의 나이 많은 주부들에게 주로 발병했는데, 처음에는 통증을 호소하고 점점 걷기 힘들어지다가 급기야 "이타이, 이타이(아파, 아파)"를 외치며 죽어 갔어. 이 기묘한 질병은 오랫동안 원인이 밝혀지지 않은 채 '이타이이타이병'으로 불리며 풍토병의 하나로 여겨졌지. 이 지역 개업 의사인 오키노 노보루 박사가 일찍부터 미쓰이 금속광업의 가미오카 광업소에서 유출된 광물의 독이 그 원인이라고 주목하고 '카드뮴 중독설'을 주장했는데,

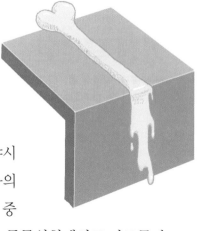

기업 편에 섰던 학자들이 계속 이 주장
을 부정해서 받아들여지지 않았어.

1960년이 되어 오카야마대학의 고바야시
준 박사가 오키노 박사와 협력하여 사망자의
몸에서 고농도 카드뮴을 발견하자 카드뮴 중
독설은 의심할 수 없는 사실로 밝혀졌어. 동물실험에서도 카드뮴이
만성중독의 원인이며, 뼈를 손상한다는 사실이 증명되었지. 가미오
카 광업소는 아연이나 납을 대량으로 생산해 왔던 곳으로 그 생산공
정에서 배출된 카드뮴이 밖으로 유출된 거야. 유출된 카드뮴이 주로
곡물을 오염시키고, 그것이 마을 사람들 몸에 들어가 이타이이타이
병을 일으킨 거지.

그런데도 일본 정부가 정식으로 카드뮴 중독설을 인정한 것은 1968
년 5월이 되어서였어. 환자와 유족들은 1968년 1월에 회사를 상대로
손해배상 청구 소송을 했고, 1971년에 도야마 지방 법원이 주민 측의
주장을 인정했어. 하지만 판결이 나온 뒤에도 회사 측이 책임을 인정
하지 않았지. 결국 주민 측은 나고야 고등법원에 항소해 승소를 했어.
1997년 말까지 156명이 환자로 인정되었고(그중 사망자가 146명),
같은 병으로 의심되는 사람은 1,000명에 달했어.

이타이이타이병에 대해서 간단히 살펴본 것만으로도 기업과 정부
의 태도, 혹은 기업 편에 선 일부 학자들의 자세 등에 의해 공해 문제
가 은폐되고 사태를 한층 더 심각하게 만들 수 있다는 걸 알 수 있을 거
야. 이타이이타이병 재판은 공해 문제에서 주민의 소송이 처음으로
인정된 획기적인 사례였어.

가장 무르고
부드러운 금속

인듐 Indium

식물의 남색 성분인 indigo(인디고)에서 나옴. 인듐의 스펙트럼선이 남색이기 때문.

인듐은 알루미늄의 먼 친척으로, 주기율표에서 바로 위에 있는 갈륨과 아주 비슷하고 녹는점이 낮은 백색의 연한 금속이야. 그 무르고 부드러운 성질은 금속 중에서 최고야. 가공성도 풍부하고 굽혀서 접으면 주석처럼 소리를 내며 접혀. 도금이나 합금에 이용되지만, 대규모로 사용되는 곳은 없어.

자연 상태에 존재하는 인듐은 4.3%가 안정동위원소인 인듐 – 113이고, 나머지 95.7%가 인듐 – 115야. 인듐 – 115는 완벽한 안정동위원소가 아니고, 반감기가 440조 년인데 상상할 수 없을 정도로 긴 시간 동안 조금씩 베타선을 방출하면서 더욱 안정된 주석 – 115로 변해 간다고 해.

방사능에 관해 설명한 부분에서 원자핵이 붕괴해 방사선을 방출하는 건 에너지가 더 낮은 안정된 원자핵이 자리 잡기 쉽기 때문이라고 말한 적이 있지? 일반적으로 원자번호가 가까운 같은 질량수의 두 개 원자핵의 경우, 베타붕괴 혹은 양전자 방출(또는 전자포획)을 통해 더 안정된 쪽으로 변화해 가. 이런 두 개의 원자핵에서는 양쪽이 영원히 안정되는 일은 없어. 그렇다 해도, 원자핵의 성질 때문에 그 붕괴가 극히 일어나기 힘든 경우도 있는데. 그런 때는 터무니없이 수명이 길어지기도 하지.

우주의 나이가 약 150억 년이라고 하니까 반감기가 440조 년이라는 말은 전혀 붕괴하지 않는다는 말과 같아. 예를 들어, 지금 여기에 인듐 1g이 있다고 하면 그 안에는 인듐 − 115의 원자핵이 약 5.2×10^{21} 개 포함되어 있는데, 그 1억분의 1이 변하는 데 약 300만 년이 걸린다는 계산이 나와.

실제로 수명이 이렇게 길면 방사능을 측정해 반감기를 추정하는 작업마저 곤란해져. 인듐은 반감기가 440조 년인데, 이것보다 더 까다로운 것들도 있어. 그 예가 바나듐 − 50(자연 존재비는 0.25%)으로 에너지 측면에서 보면 바로 옆의 타이타늄 − 50이나 크로뮴 − 50에 의해 붕괴할 것으로 예측되지만 아직 잘 알 수 없어. 언젠가 붕괴하더라도 그 반감기는 1경(1억의 1억 배) 년 이상일 거로 보여.

이런 원자핵은 실질적으로는 안정적이라고 보아도 상관없는데, 엄밀히 따지면 안정된 것은 이 세상에 지극히 적다는 점도 재미있어. 물질의 기본인 수소 원자핵(양성자)조차 붕괴할 것이라는 설도 있거든.

우는 소리를
내는 금속

주석 Tin

tin이라는 말은 옛날부터 유럽에 있었고, Sn은 주석의 라틴어인 stannum에서 나옴.

신기하게도 주석 금속은 우는 소리를 내. 주석봉을 굽히면 대나무 꺾을 때 나는 소리가 나는데, "아프다, 아파" 하고 우는 듯해서 '주석 울림'이라고 부르지. 이것 말고도 주석은 성질이 기묘하고 무척 특이한 금속이야.

주석석도 널리 알려져 있는데, 거무스름한 돌로 보통 돌인 듯해서 들어 보면 무게가 제법 무거워. 밀도가 큰 이 돌은 주석산화물(SnO_2)인데, 여기서 풍부한 주석이 나와. 주석은 지극히 흔한 금속으로 도금이나 합금에 많이 쓰여. 주석 합금 중에서는 양철(동판에 주석 도금을 한 것)과 청동(구리와의 합금) 등이 유명해. 금속 치고는 녹는점이 낮아서(231.9℃) 납땜(주석과 납을 주성분으로 한 합금)에 쓰이고, 또 해로운 성분이 없어서 주석 도금을 한 식기도 많아. 대규모 콘서트홀에 설치된 파이프오르간의 파이프도 주석과 납의 합금으로, 질 좋은 주석을 써야 좋은 소리를 낼 수 있어.

주석의 괴짜다운 모습이 잘 드러나는 부분은 동소변태 현상일 거야. 주석 금속은 주석의 두 개 동소체 중 β주석(백색주석)이라 불리는 결정성 물질을 말해. 이 β주석은 저온이 되면 α주석(회색주석)이라 불리는, 결정이 만들어지지 않는 무정형 물질로 변하지(이렇게 결정 등의 상태가 변하는 것을 전이라고 해.). 이 전이온도는 13.2℃인데, 실제로는 저온이 지속되지 않으면 변화가 진행되지 않아.

그런데 시베리아 같은 극한의 지역에서는 그냥 내버려 두어도 이 전이가 일어나. 먼저 β주석의 표면에 마치 침입자처럼 α주석의 영역이 생기기 시작해서 어느 순간 전체가 α주석으로 변해 순식간에 무너져 버리지. 마치 주석이 페스트 같은 전염병에 걸린 것 같아서 '주석 페스트'라고 불러.

그래서 시베리아나 남극 같은 지역에서는 주석을 사용한 부품은 사용할 수 없어. 나폴레옹 군대가 러시아에서 패배한 것은 주석 페스트 때문에 병사들의 단추가 가루가 되어 망가진 탓이라는 이야기도 전해지는데, 아마도 나중에 만들어진 이야기일 거야.

금속의 성질과는 전혀 상관없는 일이지만, 주석에는 또 하나 눈에 띄는 점이 있어. 다음 쪽에서 서술하는 것처럼 주석의 원자번호 50은 바로 매직넘버라 부를 수 있는 숫자라는 거지. 그 때문에 주석 원자핵의 성질에는 어떤 종류의 '마법'이 나타나. 주석은 안정동위원소의 수가 가장 많은 원소인데, 이것도 그 마법의 하나라 할 수 있어.

매직넘버(마법의 수)

여기서 매직넘버라는 건 원자핵의 매직넘버를 말하는 거야.

원자핵의 성질을 살펴보면 양성자 수나 중성자 수가 2, 8, 20, 28, 50, 82, 126인 원자핵이 다른 원자핵과 비교해서 안정되고, 눈에 띄는 성질을 다양하게 지니고 있다는 게 밝혀졌어. 이러한 수를 핵물리학에서는 '매직넘버(마법의 수)'라고 불러(다만, 양성자 수 126이 매직넘버에 해당되는지는 확실하지 않아.). 예를 들어 양성자 수가 50(원자번호가 50)인 주석(Sn)은 아래 도표에 나타난 것처럼 안정동위원소가 10개나 돼. 원소 중에서 유일하지. 이건 양성자 수가 50일 때, 원자핵 내부의 양성자 결합이 특별히 튼튼해져서 다양한 중성자 수의 안정동위원소가 만들어질 수 있기 때문이야.

중성자 수가 50일 때도 같은 현상이 일어나서, 중성자 수 50의 안정동

주석의 안정동위원소

질량수	자연 존재비
112	0.97%
114	0.66%
115	0.34%
116	14.54%
117	7.68%
118	24.22%
119	8.59%
120	32.58%
122	4.63%
124	5.79%

중성자수 50의 안정동위원소

질량수	원자번호 (양성자 수)	원소명
86	36	크립톤
87	37	루비듐
88	38	스트론튬
89	39	이트륨
90	40	지르코늄
92	42	몰리브데넘

위원소를 가진 원소가 6개나 돼. 이것도 예외적인 특징이야.

　이런 일이 생기는 건 원자핵에서도 원소의 주기성과 비슷한 일이 일어나기 때문이야. 원자번호 2, 10, 18 등에서 원자 주변 전자껍질이 채워져 다른 원자와 결합하기 어려운 비활성기체 원소가 생긴다는 걸 앞에서 이미 배웠지?

　이것과 같이 원자핵 내부의 양성자나 중성자도 껍질을 만들어. 그 껍질이 닫힐 때 원자핵의 안정성이 증가한다고 생각하면 매직넘버 현상을 쉽게 이해할 수 있을 거야. 껍질 구조가 조금 달라서 원자와 원자핵에서는 매직넘버가 나타나는 방식이 달라지지만, 서로 크기가 다른 세계에서도 같은 현상이 일어나는 것은 자연현상을 생각할 때 흥미로운 부분이야. 양성자 수나 중성자 수가 50 이외인 것에 대해서는 여러분들이 직접 찾아보도록 하자.

아이섀도에
쓰인 원소

 **안티모니(안티몬)** Antimony

원소기호 Sb는 stibnite(휘안석)에서 유래.

그럴싸한 이야기에는 '거짓말'도 많다는 점을 염두에 두고 들으면 안티모니 이름에 얽힌 이야기는 꽤 흥미로워. 눈썹과 좀 관련이 있지.

안티모니의 화학기호 Sb는 휘안석(Sb_2S_3)에서 유래했는데 그 라틴어 표기는 stibium이야. 이 말은 그리스어의 stimmi, 즉 아이섀도를 뜻해. 안티모니는 금속으로서 오래전부터 알려져서 기원전 4000년에 만들어진 고대 이집트 항아리에도 장식으로 사용되었어.

이건 실제 있었던 이야기인데, 휘안석을 아이섀도로 사용하기 시작했던 것은 클레오파트라 여왕으로 처음엔 눈에 파리가 모여드는 것을 막으려고 칠하기 시작했대. 파리가 눈에 알을 낳거나 전염병을 옮기는 일이 있어서였나 봐. 그 뒤 클레오파트라의 미모 덕분에 미용을 위한 아이섀도가 유행하게 된 거지.

안티모니는 비소와 같은 5B족 원소로 독성이 있어서 주의가 필요해. 그런 성질 때문에 살균력도 있어서 파리를 막는 데 사용됐을 거야. 중세 때는 한센병 치료약으로 사용되었대. 당시 한센병은 승려(monachon)가 많이 걸리는 병이었어. 항(anti)+승려(monachon)이 합해져 antimonia가 돼서 여기에서 안티모니라는 이름이 생겼다고 하지. 이것도 약간 의심의 여지가 있는 설이지만.

상온에서 안정된 안티모니 순물질은 회색안티모니인데 은백색 금속광택을 띠지. 이것은 금속에 가깝지만 금속이 아닌 원소 중 하나로 준금속으로 분류돼. 최근에는 반도체 재료로도 쓰이는데 일반적으로 많이 쓰이는 건 합금 쪽이야. 특히 납이나 주석과의 합금으로 활자 합금이나 납축전지의 전극에 사용되지.

비소나 수은 정도는 아니어도 독성이 있어서 취급에 주의를 기울여야 해. 특히 배터리의 납극판에 사용되어 충전할 때는 소량의 수소화안티모니(SbH_3)를 만드는데, 이것은 상온에서 기체인 물질로 중독성이 있으므로 전지실 등에서는 주의해야 해. 타닌 성분이 안티모니를 해독할 수 있으니까 몸에 흡수되었을 때 녹차를 마시면 효과가 있어.

희귀한
준금속원소

텔루륨 Tellurium

우라늄(하늘의 신)에 대응하여 라틴어로 지구(tellus)라는 뜻을 담은 이름.

원자량은 어떻게 해서 정해지는지 알아보자. 현재의 원자량은 탄소-12의 원자량을 12.0000으로 두고, 그 12분의 1을 1원자질량단위(amu, atomic mass unit)로 정했어. 그램 단위로 측정하기에는 원자의 질량이 너무 적기 때문에 원자질량단위를 이용하는 게 측정하기 편해. 이 단위에 기초해서 모든 동위원소의 질량이 정해지지. 자연상태의 탄소 동위원소 중 하나인 탄소-13의 질량은 원자질량단위로 13.003355야.

화학에서 일반적으로 말하는 원자량은 자연 상태에서의 이 두 개 동위원소의 평균치야. 자연 상태의 탄소에는 탄소-12가 98.90%, 탄소-13이 1.10% 함유되어 있으므로 그 무게를 곱한 평균치가 탄소의 원자량이 되는 거지.

$$12.0000 \times 0.9890 + 13.003355 \times 0.0110 = 12.011(037)$$

원자번호가 커지면 원자량도 커지는데, 주기율표에서 원자번호가 커져도 원자량이 약간 줄어드는 곳이 세 곳(악티늄족은 별도) 있어. 그중 한 곳이 텔루륨(원자번호 52)과 아이오딘(원자번호 53) 사이야.

텔루륨은 원자량이 127.62이고 아이오딘은 126.90이야. 멘델레예프가 주기율표를 만들 때 대략적인 원자량의 순으로 원소를 배열했는데, 원자량대로라면 아이오딘→텔루륨 순서가 되어야 할 것이, 텔루륨(52)→아이오딘(53)으로 뒤집힌 거야. 이 문제는 모즐리에 의해 원자번호의 의미가 명확히 밝혀짐으로써 해결되었어. 텔루륨이 원자번호 52로, 주석 가까이 자리해 있는데 이것 역시 안정성이 높고 안정동위원소의 수가 많기 때문이야. 아이오딘처럼 양성자 수가 홀수일 때는 안정동위원소의 수가 적어(아래 표에서 계산의 기초가 되는 동위원소의 존재비가 달라지면 원자량도 미묘하게 달라져.).

원소	원자번호	원자량	동위원소 존재비	동위원소 원자량
텔루륨(Te)	52	127.62	120 (0.096%)	119.9040
			122 (2.6%)	121.9031
			123 (0.91%)	122.9043
			124 (4.82%)	123.9028
			125 (7.1%)	124.9044
			126 (19.0%)	125.9033
			128 (31.7%)	127.9045
			130 (33.8%)	129.9062
아이오딘(I)	53	126.9045	127 (100%)	126.9045

암을 일으키는
방사성원소

아이오딘 Iodine

그리스어 iodetos(보라색)에서 나옴.

우리 몸의 목 앞쪽에는 갑상샘이라는 기관이 있어. 그곳에서는 여러 가지 호르몬 등 신체 발달에 필요한 화학물질이 끊임없이 생산되고 있어. 아이오딘은 이 갑상샘 작용에 꼭 필요한 원소야. 우리 몸에 있는 아이오딘은 20~30mg인데, 그 절반 이상이 갑상샘에 모여 있어. 그런데 아이오딘이 갑상샘으로 모이는 이 현상이 현대를 사는 우리에게 커다란 위협이 되기 시작했어. 우라늄이나 플루토늄의 핵분열에 의해 생성되는 방사성 아이오딘, 그중에서도 아이오딘−131이라는 반감기 8일의 동위원소가 그 위협의 핵심이야.

아이오딘은 기체가 되어 공중에 흩어져 날리기 쉬워서 실험실에서 비커에 담아 밀폐할 때 상당한 주의가 필요해. 핵실험이나 핵발전소 사고 때도 유출되기 쉬운 대표적인 방사능이야.

외부 환경에 노출된 아이오딘 – 131은 공중을 떠다니다가 직접 사람의 호흡기로 들어가기도 하고, 지면에 떨어져 목초 등에 스며들었다가 그 목초를 먹은 소의 젖에 농축돼 간접적으로 들어가기도 하지. 이미 1957년에 영국의 원자로에서 사고가 일어났을 때, 아이오딘에 오염된 우유가 대량 회수되었던 일은 유명해.

아이오딘에 오염된 우유를 먹으면, 최종적으로 먹은 사람의 갑상샘에 방사성 아이오딘이 모여들어 방사선 피폭 상태가 돼. 방사선에 피폭된 갑상샘은 암을 유발하거나 기능 저하를 일으켜 어린이들의 성장 발육을 저해하는 원인이 되기도 하지.

방사선 아이오딘의 공포는 1968년 4월 26일에 일어난 체르노빌 핵발전소 사고에 의해 세계에 널리 알려졌어. 원자로 노심에 내장되어 있던 약 3엑사(3×10^{18})베크렐이라는 막대한 양의 아이오딘 중 50~70%가 방출됐던 거야. 아이오딘 흡수를 조금이라도 막을 수 있는 아이오딘화포타슘을 구하기 위해 유럽 각지에서 약국 앞에 어머니들과 유아들의 긴 행렬이 생겨났어. 그 걱정스러운 얼굴은 누구라도 한번 보면 평생 잊을 수 없을 만큼 절실한 호소를 담고 있었어.

실제로 사고 뒤에 우크라이나의 체르노빌을 중심으로 가까운 벨라루스나 러시아에까지 이어지는 광범위한 지역에서 아동들의 갑상샘 장애(암 등)나 백혈병이 다수 발생했다는 보고가 줄을 이었어. 사고 10년 뒤에 WHO(세계보건기구)도 체르노빌 방사능(아이오딘)에 의한 소아 갑상샘암 발생이 수백 건 이상에 달했다는 걸 인정했어. 현재 일본 핵발전소 근처의 보건소에는 아이오딘 캡슐이 비치되어 있지만, 실제 사고가 발생했을 때 이게 얼마나 유효할지는 의문이야.

생명과 원소

우리가 생명을 유지하려면 최소한 어느 정도의 원소가 필요할까? 식물 재배 방식 중에 수경 재배라는 게 있어. 물 안에 필요한 화학 성분을 더한 배양액으로 식물을 재배하는 방법인데, 그 배양약으로 유명한 크놉액은 오른쪽 도표와 같은 조성을 띠고 있어.

이런 성분은 화합물일 때 의미가 있으므로, 단순한 원소로 각각을 분해하는 것은 불가능해. 예를 들어 생명에는 물이 절대적으로 필요한데, 이것을 수소와 산소로 분해해 공급하는 건 의미가 없다는 거지. 일단 이런 생각을 기본으로 살펴보면 크놉액에는 수소, 산소, 질소, 황, 인, 포타슘, 칼슘, 마그네슘, 철, 염소가 포함돼 있고 여기에 더해 공기 중에서 탄소가 공급되기 때문에 11개 원소가 포함돼. 그 밖에는 미량이나마 필요한 것으로 아연, 망가니즈, 구리, 몰리브데넘, 붕소 등이 있지.

이것들을 넣은 배양액이 실제로 건강한 식물을 재배하는 데 충분한지는 사실 의문스러워. 아마도 더 많은 원소가 필요할 거야. 인공 배양액 속에도 미량의 '불순물'로 더 많은 원소가 섞여 들어가 그것들이 다행히 식물을 성장시킨다고 생각할 수 있지.

고등동물의 경우에는 몸의 구조나 작동이 더욱 복잡해지는 만큼 아마도 더 많은 원소가 필요할 거야. 예를 들어, 우리가 건강을 유지하려면 일정량의 비타민이 필요한데, 그중 하나인 비타민 B_{12}는 코발트를 함유하고 있는 코발라민이라는 유기물로 이게 부족하면 악성빈혈이 돼. 코발트는 우리 몸과 직접적으로는 어떤 관계도 없어 보이지만, 사실은 중요한 역할을 한다는 걸 알 수 있지.

우리가 아직 해명하지 못한 불가사의한 생명 구조 안에서는 훨씬 더 많은 원소, 특히 그것이 착체(배위결합을 한 원자 집단)로 단백질과 결합한 유기물질이 관여되어 있을 거야. 그 미묘한 균형 안에서 우리의 생명이 유지되고 있는 거지.

크놉액

성분	양
물 H_2O	1000㎤
질산칼슘 $Ca(NO_3)_2$	1.00g
황산마그네슘 $MgSO_4$	0.25g
인산이수소포타슘 KH_2PO_4	0.25g
염화포타슘 KCl	0.25g
염화철 $FeCl_3$	미량

처음 화합물을 만든
비활성기체

제논 Xenon

그리스어 xenos(익숙하지 않은)에서 나온 이름.

제논은 크립톤, 라돈과 같은 0족 원소로, 비활성기체야. 그 전자배치는 $1s^2 2s^2 2p^6 3s^2 3p^6 4s^2 3d^{10} 4p^6 5s^2 4d^{10} 5p^6$야. 비활성기체의 닫힌껍질은 난공불락이어서 다른 원소와 화합물을 만들지 않아. 그 때문에 발견에도 오랜 시간이 걸려서, 윌리엄 램지의 비활성기체 연구 마지막 단계에서 발견되었어.

그런데, 1962년 바틀릿이 이 난공불락의 성을 공격해 함락하는 데 성공했어. 그는 육플루오린화백금(PtF_6)의 강한 산화력에 주목해서 제논육플루오린화백금($Xe[PtF_6]$, 붉은 오렌지색의 결정)을 합성하는 데 성공했어. 같은 해에 클레슨도 사플루오린화제논(XeF_4, 검은색 결정)을 얻었어.

그때 나는 막 대학을 졸업했는데, 이 뉴스를 듣고 아주 흥분했던 기

억이 나. 지금은 비활성기체가 화합물을 만들어도 그리 새로운 일이
아니지만, 예전에는 '비활성기체는 화합물을 만들지 않는다.'라고 알
려져 있었기 때문에 클레슨과 바틀릿의 합성 소식은 획기적인 뉴스였
어. '불가능'이란 없다는 것을 다시금 깨닫고 감격했지.

지금에 와서는 제논이 +2가(XeF_2), +4가(XeF_4, $XeOF_2$), +6가
(XeF_6, $CsXeF_7$, $XeOF_4$, XeO_3), +8가(XeO_4, Ba_2XeO_6) 등 다양한 화
합물을 만드는 것으로 알려졌어. 또한 크립톤도 플루오린화물(KrF_2)
같은 화합물을 만들어.

제논, 크립톤, 아르곤 등은 내포화합물이라 불리는 결정성 화합물
을 만들어. 물, 하이드로퀴논 등의 화합물이 그물코 모양이나 터널 모
양의 바구니와 같은 커다란 구조(호스트라 함.)를 만들고, 그 바구니
안에 비활성기체의 원자가 갇혀 있는(게스트라고 함.) 결정이야. 제
논은 $Xe \cdot 6H_2O$ 같은 내포화합물이 있어. 내포화합물 중 가장 유명한
것은 하이드로퀴논과 아르곤의 내포화합물이야. 하이드로퀴논이 수
소결합으로 커다란 바구니를 만드는데, 하이드로퀴논 3분자에 붙어
아르곤 1원자가 들어가는 구조로 되어 있어.

내포화합물, ○는 하이드로퀴논의 산소원자

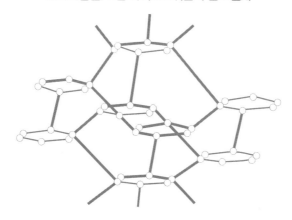

세슘 오염을
일으키는 원소

세슘 Cesium

라틴어 caesius(파란)에서 나옴. 세슘 스펙트럼선에서 나타나는
두 줄의 파란색에서 유래.

신문이나 텔레비전 뉴스를 잘 보는 사람이라면 세슘이라는 단어를
한 번쯤 읽거나 들어 본 적이 있을 거야. 세슘은 광전관에 없어서는 안
될 필수 원소야. 그리 유명하지 않던 이 알칼리금속원소가 최근에 자
주 뉴스에 나오게 되었어. 자주 나오는데 대부분 반갑지 않은 뉴스로
다뤄지지.

세슘의 동위원소 중에서 세슘–137은 반감기가 30년인 방사성동위
원소야. 이것이 바로 뉴스에 등장하는 주인공이지. 우라늄이 핵분열
할 때 대량 생기는 방사성물질인데, 베타선과 감마선을 방출해. 사람
몸에 들어가면 소화기나 근육에 방사선을 쪼여 암이나 유전 장애를
일으키지.

세슘–137은 핵분열 생성물이기 때문에 핵실험 뒤 떨어지는 죽음

의 재에도, 핵발전소에서 내보내는 물에도 함유되어 있어. 핵발전 시설의 방사능 유출이 생기면 가장 먼저 발견되는 방사능 중 하나가 세슘이야. 세슘은 알칼리금속으로 물에 용해되기 쉽고, 돌아다니기 쉬워서 세슘-137은 심각한 환경오염을 일으켜. 게다가 세슘은 소듐이나 포타슘 같은 인체의 중요 원소와 화학적 성질이 비슷해서 몸에 흡수되기도 쉬워.

체르노빌 핵발전소 사고는 세슘 오염의 공포를 재인식시키는 사건이었어. 고온의 노심에서 증발한 세슘이 바람을 타고 몇천 킬로미터나 되는 거리를 날아가서 세계적 규모의 오염을 일으켰지. 세슘이 공기와 땅, 물을 오염시킨 결과 식품에도 큰 영향을 끼쳤어. 세슘이 모여들기 쉬운 우유, 치즈, 육류, 과실류, 버섯류, 스파게티용 밀가루 등이 특히 오염치가 높게 측정되어서, 식품의 수입 규제나 식용 금지 조치가 이어졌고, 일시적이지만 전 세계를 공황 상태로 몰아넣었지.

그 뒤 해가 거듭되어 알려진 사실은 세슘이 토양 표면에 장시간 남아서 좀처럼 빗물 등에 씻겨 내려가지 않는다는 거야. 당시 예상했던 것 이상으로 오염이나 피폭이 지속되어 소아백혈병 등이 증가하는 원인이 되고 있지.

요즘은 핵발전소가 배출하는 방사능 오염물의 처리 장소가 없어서 커다란 문제가 되고 있어. 반감기가 몇만 년인 방사능도 많아. 몇만 년이라는 시간 동안 그 방사능이 유출되지 않을 만한 장소는 지상 어디에도 없을 거야. 바다에 방출하는 것도 추가 피해가 일어날 수 있어서 위험해. 핵이 과연 인류와 공존할 수 있는 것인지에 대해 엄밀히 묻고 살펴봐야 할 가장 큰 이유도 이 문제에서 비롯해.

핵분열 발견의
열쇠가 된 원소

바륨 Barium

중정석(baryte) 안에서 발견되어 붙은 이름. 그리스어 baros(무겁다)에서 나옴.

핵분열의 발견은 20세기 과학의 발견 중에서 가장 눈에 띄고 큰 의미가 있는 사건이야. 원자 폭발에서 핵발전까지 핵분열에 기초해 개발된 기술은 핵이라는 완전히 새로운 원소를 현대 사회에 들여왔고, 그로 인해 사회와 과학기술의 관계는 다양한 의미에서 그전까지와 크게 달라졌어. 의외라고 생각하는 사람이 많을 테지만, 핵분열 발견의 열쇠가 됐던 원소가 바로 바륨이야.

1938년, 독일의 오토 한(1879~1968)은 중성자를 우라늄에 충돌시켜 생기는 방사능 안에 바륨과 아주 비슷한 동위원소가 있다는 걸 발견했어. 하지만 바륨은 질량수가 우라늄의 절반 정도인 원소로, 우라늄에 중성자가 흡수되어 그렇게 작은 원자핵이 생겨날 리 없다는 게 당시의 상식이었지. 그래서 이 방사능은 우라늄보다 무거운 초우라늅원소이거나 우라늄에 가까운 동위원소일 거라고 예상했어.

오토 한 자신도 처음에는 그 방사능을 바륨과 성질이 비슷한 라듐이라고 생각했고, 그게 상식에 가까운 결론이었지. 그런 상식의 벽을 무너뜨릴 수 있었던 건 화학자로서 오토 한의 뛰어난 능력과 경험 덕분이었어. 오토 한은 동료 리제 마이트너(1878~1968)에게 보낸 송년 편지에서 다음과 같이 쓰고 있어.

세 종류의 동위원소가 절대로 라듐이 아니라 바륨이라는 결론을,
우리는 '화학자'로서 내리지 않으면 안 된다.

마이트너가 결국 이 현상을 이론적으로 설명하는 데 성공했지. 오토 한이 핵분열을 발견했던 때는 나치 독일의 전성기로 유대인을 배척하는 거센 바람이 불고 있었지. 오토 한은 유대인인 마이트너를 도와 네덜란드에 망명시키는 등, 소극적이긴 해도 나치에 저항하는 자세를 굽히지 않았어. 독일의 핵폭탄 개발에도 반대했지.

핵분열이 발견되고 7년 뒤에 미국이 히로시마, 나가사키에 핵폭탄을 떨어뜨린 일은 오토 한에게 대단한 충격을 주었어.

나는 이루 말할 수 없을 정도의 충격을 받아 재기 불능 상태이다. 수없이 많은 무고한 부인과 아이들의 크나큰 불행에 대해 생각하는 것은 너무나 견디기 힘든 일이었다.

나는 완전히 흥분된 상태가 되어, 주변의 지인들이 진지하게 나의 자살을 걱정할 정도였다.
– 오토 한 자서전에서

란타넘족
원소들 1

57 La 란타넘
Lanthanum

58 Ce 세륨
Cerium

이 책 서두에 있는 주기율표를 자세히 살펴보면, 57번째 칸에 란타
넘족이라고 쓰여 있고 오른쪽으로 시선을 옮기면 원자번호 72번인 하
프늄이 보여. 아래로 눈을 돌리면 57번 란타넘부터 71번 루테튬까지
15개 원소가 하나로 묶여 분류되어 있어. 여기에는 그만한 이유가 있
어. 란타넘부터 루테튬까지의 15개 원소는 화학적 성질이 아주 비슷
하고 화학자들의 손이 많이 가는 원소들이거든.

1803년, 스웨덴의 크론스테트와 히싱게르는 새로운 광물에서 산화
물을 하나 발견했어. 비슷한 시기에 베르셀리우스도 같은 광물에서
산화물을 추출했는데, 당시 발견된 소행성 세레스의 이름을 따서 '세
리아'라고 이름 지었지. 그런데 세리아는 결코 단순한 화합물이 아니
었어. 그로부터 40년 가까운 시간이 지난 뒤, 세리아에 세륨(세리아

에서 딴 이름)과 함께 란타넘('숨어 있다'라는 그리스어에서 유래)과 디디뮴이 함유되어 있다는 것이 발견되었거든. 그중 디디뮴은 란타넘과 아주 비슷해서 그리스어의 쌍둥이(디디모이)라는 말을 따와 이름을 지었지. 그런데 이 디디뮴이 더 많은 원소를 함유하고 있다는 사실이 한 세기 가까운 화학자들의 고군분투 결과 밝혀졌어.

이렇게 성질이 서로 비슷한 이유는 전자궤도의 비밀이 밝혀지고 나서 풀렸어. 아래 표에 란타넘 이하 15개 원소의 전자배치를 써 놓았는데, 란타넘은 빼고 세륨부터 원자번호가 하나씩 커져서 전자가 하나씩 많아지면 4f궤도에 하나씩 들어가 채워지는 것을 볼 수 있어. 즉, 4f라는 안쪽 껍질에 에너지 관계로 전자가 밀집되기 때문에 화학결합에 관계된 바깥쪽 전자배치가 거의 변하지 않고 성질이 비슷해지는 거야. 그 때문에 란타넘부터 루테튬까지 15개 원소를 란타넘족이라 부르고, 주기율표에서 란타넘과 같은 3A족 제6주기에 속하는 것으로 보고 있어.

란타넘족원소의 전자배치

원자번호	원소	전자배치
57	란타넘	$[Xe]\ 5d^1 6s^2$
58	세륨	$4f^1 5d^1 6s^2$
59	프라세오디뮴	$4f^3 6s^2$
60	네오디뮴	$4f^4 6s^2$
61	프로메튬	$4f^5 6s^2$
62	사마륨	$4f^6 6s^2$
63	유로퓸	$4f^7 6s^2$
64	가돌리늄	$4f^7 5d^1 6s^2$
65	터븀	$4f^9 6s^2$
66	디스프로슘	$4f^{10} 6s^2$
67	홀뮴	$4f^{11} 6s^2$
68	어븀	$4f^{12} 6s^2$
69	툴륨	$4f^{13} 6s^2$
70	이터븀	$4f^{14} 6s^2$
71	루테튬	$4f^{14} 5d^1 6s^2$

란타넘족
원소들 2

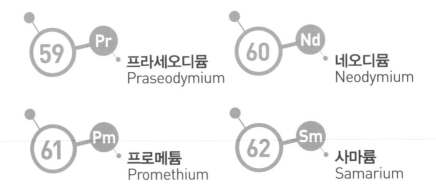

59 Pr 프라세오디뮴
Praseodymium

60 Nd 네오디뮴
Neodymium

61 Pm 프로메튬
Promethium

62 Sm 사마륨
Samarium

　란타넘족원소에 관해 조금 더 이야기해 볼까? 란타넘족의 전자배
치는 6s궤도의 전자가 2개 빠지고 4f궤도의 전자가 1개 빠졌을 때 안
정이 되기 때문에, 기본적으로는 +3가 이온 상태로 안정이 돼. 거기
다 이온도 크기가 서로 거의 비슷해서 란타넘족은 화학적 성질을 구
별하기 힘들어(그 이유는 4f궤도의 전자가 상당히 까다로운 존재라
어렴풋이 넓게 흩어지는 전자구름이 되기 때문인데, 약간 어려운 이
야기야. 좀 더 깊게 화학을 배울 사람은 '란타넘족 수축'이라는 현상
과 언젠가 만나게 될 거야.).

　물론 원자번호(=원자핵의 정전하)와 전자의 배치도 조금씩 달라서
3가 이외의 이온이 되는 것도 있고, 성질도 미묘하게 달라. 그 미세한
차이를 이용해야 서로를 화학적으로 분리할 수 있으므로 우선은 '3가

의 아주 유사한 이온이 되는 형제들'과 란타넘족을 알아 두도록 하자.

　여기에서 다루는 원소 중 프로메튬을 뺀 세 원소는 모두 디디뮴에서 분리됐어. 그렇다고 해도 그 출발점은 앞서 언급한 세리아가 아니라 러시아의 사마르스키가 발견한 광석 사마스카이트야. 여기에서 디디뮴과 거의 같은 물질을 얻었고, 또 19세기 후반에 더 많은 원소가 사마스카이트 광석에서 연달아 발견됐지. 제일 먼저 발견된 62번 원소는 사마륨이고, 그 뒤에 디디뮴에 숨겨져 있던 원소 중 프라세오디뮴과 네오디뮴이 분리됐지. 프라세오디뮴은 녹색 이온이 되기 때문에 그리스어 'prasaios(푸른빛을 띠는 녹색)'에서 따와 지은 이름이고, 네오디뮴은 '새로운 디디뮴'이라는 뜻에서 지은 이름이야. '네오(neo)'는 영어 단어 new와 같은 뜻이야.

　프로메튬은 특이한 모양으로 발견되었어. 이 원소는 테크네튬처럼 안정동위원소가 전혀 없는 불안정한 원소라 자연 상태에는 존재하지 않아서 주기율표의 61번은 오랫동안 빈칸으로 남겨져 있었어. 1947년이 되어서야 겨우 미국의 세 화학자(마린스키, 글렌데닌, 커리엘)가 우라늄 핵분열 생성물 안에서 추출하여 61번 원소임을 확인했지. 프로메튬은 그리스신화에서 신들의 불을 훔쳐 인간에게 전했다는 프로메테우스의 이름에서 따온 거야. 프로메튬의 동위원소는 모두 방사능을 방출해. 제일 수명이 긴 동위원소도 그 반감기가 17.7년으로 수명이 짧은 편이야.

란타넘족 원소들 3

63 Eu
유로퓸
Europium

64 Gd
가돌리늄
Gadolinium

65 Tb
터븀
Terbium

66 Dy
디스프로슘
Dysprosium

67 Ho
홀뮴
Holmium

　란타넘족원소의 발견이 얼마나 고난의 연속이었는지에 대해 조금 더 설명해 볼까? 앞에서 쓴 것처럼 사마스카이트에서 채굴된 디디뮴에서 1879년에 사마륨이 발견되고, 그 뒤 디디뮴에서 2개 원소가 더 발견되었어. 1880년에는 스위스의 마리낙이 사마스카이트에서 다른 산화물을 1개 더 발견해 새로운 원소로 인정받았어. 이것이 64번 원소로 가돌린에서 따와 가돌리늄이라는 이름이 붙었어. 이것으로 디디뮴도 완전히 분석이 끝났다고 생각했지만, 1896년에 프랑스의 드마르세이가 디디뮴에 원소가 1개 더 들어 있다는 것을 확인했어. 이것이 63번 원소로 유럽에서 따와 유로퓸이라는 이름이 붙었어. 결국, 디디뮴에는 5개 원소가 함유되어 있었고, 그 기본이 되었던 산화물인 세리아에는 57번부터 64번까지(프로메튬은 제외) 7개의 원소가 함유되어

있었던 거야. 그걸 밝히는 데에 한 세기 가까운 세월이 걸렸지.

그런데 란타넘족원소 발견사는 여기까지로 정확히 절반이 끝났을 뿐이야. 나머지 절반의 역사는 더 길고 더 새로워. 세리아 발견에 앞서 약 10년 전에 가돌린은 희토류원소를 다량 함유한 광석인 가돌리나이트를 발견하고 거기에서 이트리아 산화물을 얻었어. 이것이 이트륨 발견으로 이어졌는데, 이트리아 또한 그 뒤에 많은 원소를 함유한 것이 연이어 밝혀졌지. 방사성인 프로메튬을 제외하면 마지막 란타넘족원소 루테튬이 발견된 것은 20세기가 되어서의 일이야.

란타넘족원소 발견이 어려운 만큼 많은 화학자가 발견의 성취감을 위해 앞다투어 경쟁했어. 이 경쟁은 19세기 후반에 절정에 달해서 1876년부터 1886년까지의 기간 동안 약 50개 원소가 보고되고, 23개 원소가 새로 이름을 얻었어. 당시의 혼란을 짐작할 수 있겠지?

65번 원소 터븀은 가돌리나이트 산지인 이테르비에서 유래한 이름이야. 66번 원소 디스프로슘의 이름 유래는 조금 특이해. 그리스어 'dysprositos(근접하기 어려운)'라는 말에서 따온 것으로, 그 발견에 얼마나 공이 들었는지 짐작할 수 있어. 67번 원소 홀뮴은 스톡홀름의 화학자 클레베가 발견했기 때문에 스톡홀름의 옛 이름 호르미아를 따서 지어졌어.

란타넘족
원소들 4

란타넘족원소는 희토류원소라고도 불리는데, 희소하고 별로 이용 가치도 없다고 생각돼 왔어. 그러나 실제로는 그리 희소하지 않을 뿐 아니라 다른 원소로 대체할 수 없는 성질을 지닌 덕분에 란타넘족은 최근 넓은 응용 분야에서 중요한 역할을 하게 됐어. 구리 등 각종 합금의 품질을 향상하기 위해 첨가되는 경우가 많고, YAG레이저에서 Nd^{3+}이온이 중요한 역할을 하는 것처럼, 색깔이 관련된 제품에서는 특히 더 중요해졌어(컬러텔레비전의 색, 유리의 색 등).

여기에 예로 든 란타넘족의 마지막 4개 원소의 이름은 모두 지명에서 따온 거야. 68번 원소 어븀과 70번 원소 이터븀의 이름은 가돌리나이트의 산지인 이테르비에서 따왔어. 스웨덴의 이 작은 마을 이름이 무려 4개 원소의 이름이 됐다는 것도 놀랄 만한 일이지. 69번 원소 툴

란타넘족원소의 성질

원자번호	원소		밀도(g/㎤)	녹는점(℃)	끓는점(℃)
57	란타넘	La	6.16	920	3464
58	세륨	Ce	6.77	795	3443
59	프라세오디뮴	Pr	6.77	935	3130
60	네오디뮴	Nd	7.01	1024	3074
61	프로메튬	Pm	7.26	1042	3000
62	사마륨	Sm	7.52	1072	1900
63	유로퓸	Eu	5.26	826	1529
64	가돌리늄	Gd	7.90	1311	3273
65	터븀	Tb	8.23	1356	3123
66	디스프로슘	Dy	8.54	1407	2562
67	홀뮴	Ho	8.79	1461	2600
68	어븀	Er	9.07	1529	2868
69	툴륨	Tm	9.32	1545	1950
70	이터븀	Yb	6.90	824	1196
71	루테튬	Lu	9.84	1652	3402

륨은 스웨덴의 마을 툴레에서, 71번 원소 루테튬은 파리의 옛 이름 루테시아(라틴어)에서 따왔어.

란타넘족을 마무리하면서 그 주요한 성질을 표로 정리해 봤어. 란타넘족의 성질을 통틀어 보면, 한가운데의 64번(가돌리늄)을 사이에 두고 63번과 65번, 62번과 66번, 61번과 67번 원소가 서로 화학적 성질이 아주 비슷하다는 특징이 있어. 한 예로 네오디뮴(60번)과 어븀(68번)은 둘 다 수용액 안에서 붉은색 이온이 돼.

플로지스톤

    불이 활활 타오르는 모습을 보고 있으면, 오래전부터 전해져 오던 이론인, 물질에서 타는(연소) 성분이 배출되고 타고 난 뒤에는 재가 남는다는 연소설을 믿고 싶은 기분이 들기도 해. 이 설을 화학적 학설로 완성한 것이 독일의 슈타르크로, 17세기 말의 일이었어. 그는 연소(플로지스톤)설을 이용해 화학반응부터 동물의 호흡까지 절묘하게 설명했지. 예를 들어, 연소(산화)는 (금속) → (재)+(플로지스톤)이라는 반응으로, 환원은 (재)+(플로지스톤) → (금속)으로, 다시 말해 플로지스톤이 금속으로 환원되는 상태를 말해.

    플로지스톤설은 눈에 보이는 변화에 대해서는 잘 들어맞는 설명이었기에 널리 신봉되었어. 1세기 가까운 시간이 지난 뒤 프리스틀리가 산화수은을 가열해서 기체를 얻었을 때, 그는 그 기체(실은 산소)가 '플로지스톤이 빠져나간 공기'라는 것을 믿어 의심치 않았어. 금속재(산화수은)+(플로지스톤)→금속(수은)의 반응이 일어나 플로지스톤이 없어졌

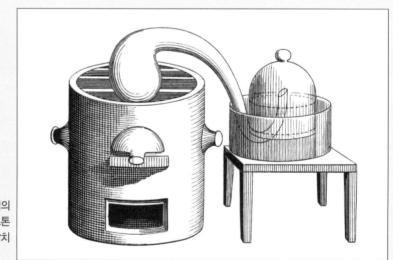

라부아지에의
플로지스톤
실험 장치

160

다고 생각한 거야. 이 기체 안에서는 물질이 기세 좋게 타오르는데 그건 플로지스톤이 없는 공기가 플리지스톤을 흡수하기 쉽기 때문이라고 생각했어.

라부아지에는 이 실험을 시도해 보면서 반응 전후에 정확한 질량 변화를 살폈어. 그래서 산화수은을 가열하면 오히려 질량이 줄어들고 그 줄어든 만큼 새롭게 기체가 발생하며, 반대로 수은을 가열하면 질량이 늘어나고 늘어난 만큼 공기의 무게가 줄어드는 것을 알아냈어. 라부아지에는 이렇게 질량 관계를 밝혀내는 과정에서 연소는 산소라는 기체의 화합(산화) 반응이라는 올바른 결론에 도달했어. 이건 플로지스톤설의 (산화)=(금속) − (플로지스톤)을, (산화)=(금속)+(산소)라는 사고로 역전시킨 것으로, 화학에서의 '코페르니쿠스적 전환'이라고 할 수 있지.

산소라는 원소를 처음으로 발견한 건 플로지스톤설 신봉자였던 프리스틀리와 셸레였지만, 산소의 정확한 실체에 도달해서 그것에 이름을 붙인 것은 라부아지에였어. 이 발견은 원소 발견 역사 중에서도 최대의 사건이었지. 눈에 보이는 변화보다 질량을 중시했던 라부아지에의 실험으로 근대 화학이 시작된 거야.

지르코늄과
닮은 원소

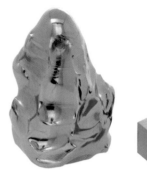

하프늄 Hafnium

발견자들의 연고지인 코펜하겐의 라틴어 옛 이름 Hafnia에서 따옴.

지금까지 성질이 특히 아주 비슷한 원소들에 대해 길게 설명했는데, 하프늄과 지르코늄만큼 닮은 점이 많은 경우도 드물어. 실제로 하프늄은 오랫동안 지르코늄과 같은 원소로 여겨졌는데, 화학자가 건너기 힘든 이 틈을 메운 것은 물리학의 힘이었어.

1913년에 영국의 헨리 모즐리(1887~1915)는 금속원소가 내보내는 특성X선을 측정하고, 각 원소의 특성X선 파장은 그 원소의 원자번호와 관련되어 있다는 사실을 발견했어. 특성X선 파장을 측정하면 곧 그 물질의 원자번호가 정해지는 거니까 이건 주기율표를 완성하는 커다란 무기를 얻었다는 것을 뜻했어.

이에 그치지 않고, 그때까지 막연하게 원자량의 순번으로 생각해 왔던 원자번호가 실은 원자핵의 전하(혹은 전자의 수)였음이 모즐리에 의해 밝혀져서 원자번호의 물리적 의미가 명확하게 규명되었어. 모즐리의 방식으로 주기율표에 원소를 채워 보면 여섯 개의 원소(원자번호 43, 61, 72, 75, 85, 87)의 위치가 빈칸이 돼. 72번에 대해서도 바로 연구가 시작되었어. 때마침 코펜하겐의 보어가 원자모형을 제안했는데, 그에 따르면 란타넘족은 71번 원소가 마지막이며 72번 원소는 지르코늄과 동족이 될 거라고 했지. 보어 연구실의 헤베시와 코스터는 이 예상에 기초해 지르코늄 광물인 지르콘을 가지고 실험하여 모즐리의 방법으로 72번 원소를 발견해 냈어. 그 뒤 계속된 노력 끝에 지르코늄과의 미세한 화학적 차이를 이용해서 순수한 72번 원소를 분리하는 데 성공했지. 물리학이 갖는 예견적 성격이 훌륭한 성과를 거둔 예였어.

이처럼 원소 세계의 구조를 물리적으로 밝혀내는 데 있어서 모즐리가 이뤄 낸 성과는, 돌턴이나 모즐리의 스승이었던 러더퍼드의 업적과 나란히 놓을 수 있을 정도로 매우 큰 의미가 있었어. 놀랍게도 모즐리가 그 연구에 몰두한 건 대략 23살~26살까지 3년 동안이었어. 그 뒤 제1차 세계대전에 참전한 모즐리는 27살 젊은 나이에 전사하고 말았지.

하프늄은 원자로의 중성자를 흡수하는 힘이 크기 때문에 원자로의 제어봉에 이용되기도 해.

애를 태우게 하는 원소

탄탈럼 Tantalum

그리스신화에서 제우스의 아들이자 극악무도한 왕인 '탄탈로스(Tantalos)'에서 따옴.

영어의 tantalize라는 말은 '애를 태워서 괴롭히다'라는 뜻이야. tantalizing이 되면 '애타는'이란 뜻이 되지. 이 말은 그리스신화에 나오는 탄탈로스에 그 기원이 있어.

탄탈로스는 신들의 왕 제우스의 반항적인 아들로, 신들을 속이고 그들의 비밀을 폭로하는 등의 행동을 일삼았어. 결국에는 제우스를 초대한 뒤 자기 아들 펠롭스를 죽여 그 살을 양고기라고 속여서 먹이는 짓까지 했지. 화가 난 제우스는 탄탈로스를 그냥 죽이는 것에 만족하지 않고, 작은 시내에 목까지 물이 차오르게 세워 놓고 목이 바짝바짝 마를 때까지 물을 주지 않았어. 게다가 그 머리 위쪽에는 사과가 주렁주렁 달린 사과나무 가지가 뻗어 있었는데, 탄탈로스가 사과를 먹으려고 손을 뻗으면 사과는 저만큼 멀어져 갔어.

1802년에 스웨덴 화학자 에케베리가 새로운 원소를 발견했는데, 그 산화물이 산에도 용해되지 않는 고집쟁이라서 탄탈럼이라는 이름을 붙였어. 발견에 손이 많이 갔다는 뜻으로 이런 이름을 붙인 건 아닌 듯하지만, 발견까지가 엄청나게 '애를 태우는' 과정이었던 것 같아. 탄탈럼은 녹는점이 극도로 높고, 산에도 훼손되지 않아서 화학적으로 공략하기 어려운 원소의 전형이야.

바로 이런 성질 덕분에 탄탈럼은 이용 가치가 생겼어. 탄탈럼은 녹는점이 높고 고온에서 기계적인 강도가 강하며 증기압도 낮아. 이처럼 고온에 강한 원소이기 때문에 텅스텐에 의해 대체되기 전에는 전구의 필라멘트로 이용됐고, 지금도 진공관이나 레이더용 전자관 재료로 널리 쓰이고 있어. 그 밖에도 산에 강한 내산성을 이용해 화학공업 등에서는 없어서는 안될 필수 재료가 되었지.

탄탈럼이 지닌 또 다른 재미있는 성질은 인체에 잘 융합되는 긴데, 뼈의 접합이나 치아 치료 등 의료적인 용도로도 널리 쓰이지. 지르코늄과 하프늄이 비슷한 점이 아주 많은 원소라는 건 앞에서 말했는데, 탄탈럼은 나이오븀과 거의 판박이 같아.

필라멘트에 쓰이는 원소

텅스텐 Tungsten

스웨덴 화학자 셸레가 발견하여 tung(무거운)+sten(돌)으로 이름 지음.

텅스텐의 화학기호는 W라고 써. 원래 Wolfram이란 독일어가 텅스텐의 정식 이름이거든. 영어에서도 이 단어는 텅스텐이란 뜻이야. 텅스텐의 광석인 철망가니즈중석을 울프라마이트(wolframite)라고 불렀던 것에서 이 이름이 나왔지. 철자에서 알 수 있는 것처럼 그 의미는 '늑대의 돌'이야. 이름만 들으면 아주 무서운 돌이지.

울프라마이트는 검고 무거운 돌로 주석석과 닮았어. 그런데 주석석과 함께 제련하려고 하면 주석을 슬래그(광재, 금속 제련 과정에서 나오는 비금속성 찌끼)로 만들어 버린다고 해. 중세 독일의 광산·지질학 대가였던 아그리콜라가 그 모습을 "늑대가 달려와 양을 잡아먹는 것처럼 주석을 덮친다."라고 표현했다고 전해지고 있어. 이것이 W라는 기호의 유래야.

텅스텐은 사실 그렇게 무서운 원소는 아니야. 원소의 순물질 중에서 녹는점이 제일 높아서(3,422℃) 고온의 챔피언이라고 할 수 있지. 그 성질 덕분에 필라멘트에 사용됐어.

전구의 필라멘트는 에디슨이 일본 교토 부근의 야와타에서 나는 대나무를 탄화해 사용한 게 그 시작인데, 오늘날에는 텅스텐으로 완전히 대체되었어. 하지만 텅스텐 필라멘트를 얻는 과정도 그리 간단치는 않았지. 먼저 '늑대의 돌'을 처리해서 산화물을 추출하고, 이걸 수소나 전해로 환원해서 금속을 얻어. 이렇게 얻은 건 분말 상태인데 그 분말을 주형에 넣고 압력을 가해 수소 기류 중에서 단단하게 구워 내는 거야. 이렇게 만들어진 금속 봉을 고온에서 가열하며 진공 상태에서 망치로 두드려 가는 텅스텐선을 뽑아내지. 이 텅스텐선은 기계적으로 강하고 고온에서도 증기압이 낮아 필라멘트로는 최적이야.

그런데 이걸 공기 중에서 그냥 사용하면 산화되어 바로 타 버리기 때문에 처음에는 에디슨의 전구처럼 진공 상태를 만들어야 했어. 하지만 진공 상태에서는 아무리 텅스텐이라 해도 얼마간의 양이 증발해 버려. 그런 점 때문에 아르곤이나 질소 가스를 주입하는 등의 보완책이 고안되어 오늘날의 백열전구가 탄생했어. 또 필라멘트를 이중 코일로 만들어서 그 효율을 훨씬 더 높였지. 텅스텐은 전구뿐만 아니라 각종 전극이나 진공관 등에도 없어서는 안 될 고온 재료야.

지상에서
가장 희귀한 금속

레늄 Rhenium

독일에서 발견돼서 라인강(Rhein)과 연관되어 지어진 이름.

레늄은 '최후의 금속원소'라고 불려. 원자번호로는 마지막이 아니지만, 지각 내 존재비는 금속원소 중에서도 가장 작아. 그래서 독일의 노다크와 타케에 의해 1925년에 금속원소로서는 마지막으로 발견됐어. 레늄은 단단하고 밀도가 크며 녹는점도 3,186℃로 높고 금속으로서 우수한 성질이 많은 물질이야. 특히 고온에 강해서 필라멘트 재료로서는 텅스텐보다 월등히 우수해. 또 마모에도 강하기 때문에 펜촉으로 사용하면 평생 쓸 수 있을 거라고 해. 앞으로 그 이용 범위가 훨씬 더 넓어질 가능성이 있는 금속이지. 하지만 산출량이 적어서 고가에 거래되고 있어.

레늄은 화학적으로도 상당히 흥미로운 원소야. 전자배치는 제논의 닫힌껍질 바깥쪽에 $4f^{14}5d^56s^2$의 전자가 있는 구조로 5d궤도와 6s궤도의 7개 전자가 결합에 더해져서 1가에서 7가까지의 원자가를 가지고 다양한 화합물을 만들어. 가장 잘 알려진 건 7가 산화물인 Re_2O_7 이야(정식으로는 산화레늄이라고 불러.). 이것은 금속 레늄이 산화를 거듭해서 다다르는 산화물로 황색을 띠지. 금속 레늄과 달리 비교적 저온에서 기체가 되는 것도 흥미로워. 150℃에서 이미 승화(고체가 액체 상태를 거치지 않고 기체로 되는 것)가 시작되고 약 360℃에서 끓어올라. 레늄은 몰리브데넘 광석에 소량 함유되어 있는데, 그 정련 과정에서 나오는 휘발성 물질의 티끌(먼지)에 레늄이 모여드는 건 이런 이유에서야.

레늄의 6가 산화물인 ReO_3도 특이해. 산화물인데도 금속 상태일 때보다 전기가 더 잘 통하고, 상온에서 철과 같은 정도의 전도도를 띠지. 레늄 화합물의 기묘한 성질 중에는 아직 밝혀지지 않은 것도 많아서 '최후의 금속'이라고 불리는 것 같아.

레늄에서 또 한 가지 재미있는 건 천연 레늄의 약 63%를 차지하는 레늄-187이 방사성이라는 거야. 그 반감기는 약 400억 년으로 추정되는데, 이 성질을 잘 이용하면 아주 오래된 연대를 측정하는 연대 측정용 시계로 이용할 수 있어. 레늄-187이 붕괴하면 오스뮴-187이 되는데, 레늄이 많고 오스뮴이 적게 포함된 광물이 오래되면 레늄-187이 붕괴해서 만들어지는 오스뮴-187이 늘어나서 오스뮴의 동위원소 비율이 변화해. 이 '레늄 시계'가 지금 단계에서는 아직 충분히 활용되고 있지 않지만, 오래된 것에 대해 더 많이 알고 싶어 하는 게 인간의 습성이니 앞으로 더 본격적으로 이용될 거라고 생각돼.

악취를
풍기는 원소

오스뮴 Osmium

그리스어 osme(냄새나다)에서 나온 이름.
산화오스뮴의 악취 때문에 이런 이름이 붙음.

백금족원소 중에서 주기율표의 제6주기에 배열된 세 원소인 오스뮴, 이리듐, 백금은 서로 성질이 많이 닮은 형제 원소야. 자연에서의 존재량은 적지만 금속 순물질 혹은 합금으로 하나의 광석에 함께 함유되어 있어. 모두 백금처럼 은백색으로 빛나는 금속이어서 귀금속으로 분류되지.

오스뮴은 단단하고 밀도가 크고 녹는점도 높아서 백금 등과 비교해도 귀금속으로 불릴 만해. 녹는점은 3,033℃로 텅스텐, 레늄에 이어 모든 원소 중 3위이고, 밀도도 22.59로 최대인 자부심 강한 원소야. 그런데 그 존재감은 귀금속 중에서도 찬란하게 빛나는 백금 등과 비교할 때 지극히 평범한 편이야.

일반적으로 이 백금족 삼 형제는 약품에도 훼손되지 않고 반응성도 없어. 그나마 오스뮴은 비교적 반응성이 풍부해서, 오스뮴 분말을 공기 중에 놓아 두면 점차 산화되어 사산화오스뮴(OsO_4)이 돼. 8가의 원자가를 갖는 사산화오스뮴은 오스뮴 화합물 중에서 가장 특징적이라 할 수 있어. 일반적으로 금속원소 산화물은 끓는점도 높은 것이 많은데 레늄산화물 같이 몇 가지 예외도 있어. 사산화오스뮴은 그 예외 중 하나로 상온에서 무색투명한 침상결정이지만 끓는점이 131℃로 아주 낮고 상온에서도 상당한 증기압을 지니고 있어. 게다가 그 증기는 지독하게 자극적인 악취를 풍겨. 원소의 이름도 그 냄새 때문에 붙여진 거야.

공기 중에 사산화오스뮴이 1㎤당 1억분의 1g 정도만 있어도 우리가 그 냄새를 느낄 수 있다고 해. 이 정도로 적은 양이라면 우리 눈으로는 절대 볼 수 없지만, 후각은 오감 중에서 가장 미량의 화학물질을 감지하는 힘이 있다는 걸 이 예를 통해 알 수 있어.

이보다 더 놀라운 예도 있어. 흔히 '마늘 냄새'라고 하는 건 메르캅탄이라고 불리는 물질의 냄새인데, 메르캅탄이 공기 1㎤당 100조분의 4g 정도만 있어도 우리가 그 냄새를 감지할 수 있어. 이 정도면 현재 우리가 사용하는 분석기로는 도달할 수 없는 수준이야. 화학의 세계에서는 계기판의 수치에 의지하기 전에 먼저 우리 몸으로 느껴 보는 것도 중요해. 곤충들은 인간보다 훨씬 후각이 뛰어나다고 하니 자연의 힘은 그저 놀라울 뿐이지.

클라크수

미국의 지질학자 프랭크 클라크(1847~1931)가 정리한 것인데, 지각 중에 존재하는 원소의 정도를(존재비) 수치로 나타낸 것을 클라크수라고 해. 여기에서 지각이라는 건 지구의 표층으로, 질량은 지구 전체의 약 0.7%를 차지하는 부분을 말해. 지각은 대기권이 전체의 0.03%, 수권이 6.91%, 암석권이 93.06%로 구성되어 있어. 표에서 예로 든 숫자는 모든 원소를 중량 %로 나타낸 거야. 클라크가 처음으로 이 표를 만든 뒤에도 많은 연구가 이루어져 존재비의 수치가 수정되었지만, 대략의 원소 존재비를 이해하기에는 클라크 표로도 충분해.

클라크수

원자번호	원소	클라크수	많은 순서
8	O	49.5	1
14	Si	25.8	2
13	Al	7.56	3
26	Fe	4.70	4
20	Ca	3.39	5
11	Na	2.63	6
19	K	2.40	7
12	Mg	1.93	8
1	H	0.87	9
22	Ti	0.46	10
17	Cl	0.19	11
25	Mn	0.09	12
15	P	0.08	13
6	C	0.08	14
16	S	0.06	15
7	N	0.03	16
9	F	0.03	17
37	Rb	0.03	18
56	Ba	0.023	19
40	Zr	0.02	20
24	Cr	0.02	21
38	Sr	0.02	22
23	V	0.015	23
28	Ni	0.01	24
29	Cu	0.01	25
74	W	6×10^{-3}	26
3	Li	6×10^{-3}	27
58	Ce	4.5×10^{-3}	28
27	Co	4×10^{-3}	29
50	Sn	4×10^{-3}	30

97.91%
99.43%
99.948%

원자번호	원소	클라크수	많은 순서	원자번호	원소	클라크수	많은 순서
30	Zn	4×10^{-3}	31	51	Sb	5×10^{-5}	61
39	Y	3×10^{-3}	32	48	Cd	5×10^{-5}	62
60	Nd	2.2×10^{-3}	33	81	Tl	3×10^{-5}	63
41	Nb	2×10^{-3}	34	53	I	3×10^{-5}	64
57	La	1.8×10^{-3}	35	80	Hg	2×10^{-5}	65
82	Pb	1.5×10^{-3}	36	69	Tm	2×10^{-5}	66
42	Mo	1.3×10^{-3}	37	83	Bi	2×10^{-5}	67
90	Th	1.2×10^{-3}	38	49	In	1×10^{-5}	68
31	Ga	1×10^{-3}	39	47	Ag	1×10^{-5}	69
73	Ta	1×10^{-3}	40	34	Se	1×10^{-5}	70
5	B	1×10^{-3}	41	46	Pd	1×10^{-6}	71
55	Cs	7×10^{-4}	42	2	He	8×10^{-7}	72
32	Ge	6.5×10^{-4}	43	44	Ru	5×10^{-7}	73
62	Sm	6×10^{-4}	44	78	Pt	5×10^{-7}	74
64	Gd	6×10^{-4}	45	79	Au	5×10^{-7}	75
35	Br	6×10^{-4}	46	10	Ne	5×10^{-7}	76
4	Be	6×10^{-4}	47	76	Os	3×10^{-7}	77
59	Pr	5×10^{-4}	48	52	Te	2×10^{-7}	78
33	As	5×10^{-4}	49	45	Rh	1×10^{-7}	79
21	Sc	5×10^{-4}	50	77	Ir	1×10^{-7}	80
72	Hf	4×10^{-4}	51	75	Re	1×10^{-7}	81
66	Dy	4×10^{-4}	52	36	Kr	2×10^{-8}	82
92	U	4×10^{-4}	53	54	Xe	3×10^{-9}	83
18	Ar	3.5×10^{-4}	54	88	Ra	1.4×10^{-10}	84
70	Yb	2.5×10^{-4}	55	91	Pa	9×10^{-11}	85
68	Er	2×10^{-4}	56	89	Ac	4×10^{-14}	86
67	Ho	1×10^{-4}	57	84	Po	4×10^{-14}	87
63	Eu	1×10^{-4}	58	86	Rn	1×10^{-15}	88
65	Tb	8×10^{-5}	59				
71	Lu	7×10^{-5}	60				

공룡 멸종과 관련된 원소

77 **Ir**

이리듐 Iridium

iris에서 나온 이름으로 영어로는 창포, 그리스어로는 무지개를 뜻함.
이리듐 용액의 화사한 색깔 때문에 붙은 이름.

오스뮴과 함께 지상에 그 존재량이 적은(클라크수는 80) 이 원소가 공룡과 관계가 있다고 하면 의아할 거야. 그렇다고 이리듐을 공룡이 먹었던 건 아니야. 공룡과의 연관성은 실제로 이 원소가 지구에 양적으로 적게 존재한다는 사실과 관련이 있어.

중생대에 크게 번식했던 공룡이 백악기 말, 지금부터 약 6500만 년쯤 전에 돌연 멸종된 건 이미 알고 있을 거야. 여기에는 여러 가지 설이 있는데 최근에는 소행성이 지구에 충돌한 것이 원인이었다는 설이 아주 유력해. 이 설 자체는 결코 새로운 것이 아니었는데, 실제 과학적으로 확실하게 가설이 세워져 그것을 뒷받침할 유력한 증거가 발견되었어. 그게 바로 이리듐이야.

이리듐은 지상에는 극히 소량밖에 존재하지 않지만, 우주에서의 존재량은 그리 적지 않아. 운석의 분석 데이터를 기초로 추정한 것을 보면 태양계 전체 중의 이리듐 존재비를 지각 내 존재비와 비교하면 1,000배나 많다고 해. 연대순으로 층을 이루는 지층의 이리듐 함유량을 살펴봐도 공룡이 멸종한 백악기나 신생대 제3기의 경계 지층에서 이리듐의 농도가 아주 높아진다는 사실이 밝혀졌어. 그렇게 많은 양이 측정되는 것을 보면, 지구 바깥에서 온 우주 물질이 섞였기 때문일 거라고 추측할 수 있어.

지름 10㎞ 크기의 소행성(거대 운석)이 초속 약 20㎞의 속도로 지구에 충돌했다는 것이 루이스 앨버레즈 설이야. 이런 종류의 충돌은 핵폭탄 몇만 개 분량의 거대한 폭발을 일으켜서 그 분출물에 의해 태양빛이 차단되고 오랜 세월에 걸쳐 빙하기가 지속되었지. 그로 인해 식물 연쇄가 무너졌고, 식량을 대량으로 필요로 하는 공룡이 멸종한 거야. 이 분출물의 흔적이 남아 있는 게 이리듐을 다량 함유한 지층이야.

이 설의 문제는 '그렇다면 그 소행성은 어디에 떨어진 것인가?' 하는 점이야. 엘버레즈 들이 충돌설을 주창하고부터 십수 년 뒤인 1991년 멕시코 유카탄반도 지하에 있는 지름 180km의 거대한 구조가 그 운석의 크레이터가 틀림없다고 판명되었어. 이 발견으로 소행성 충돌설은 유력한 설로서 정착했지.

이리듐은 화학적 성질이 백금과 많이 닮았고, 백금에 더해 만든 합금으로 이용돼. 금속 순물질 중에서도 손에 꼽을 만큼 단단한 것으로 유명하지.

우주 원소 존재비

우주에는 어느 정도의 물질이 있을까? 이건 어려운 문제인데, 예를 들어 태양계가 속한 우리 은하는 대략 태양 2,000억 개 정도에 해당하는 질량(태양의 질량은 2×10^{33}g)으로 그 대부분이 중심의 원반 쪽에 집중되어 있어. 별과 별 사이의 공간도 완전한 진공이 아니고 수소를 중심으로 얕게 퍼진 상태로 물질이 존재하는데, 별 사이 물질의 밀도는 은하계의 태양 가까에서라면 1㎤에 수소 원자 1개 정도이지.

우주 원소 존재비 (E. 엔더스, 1989년 참조)

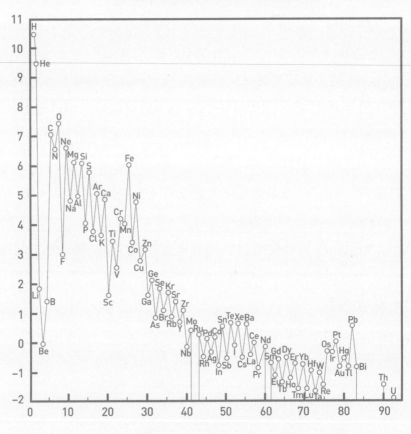

세로축: 상대 존재비(원자/10⁶Si 원자)의 상용로그, 가로축: 원자번호 Z

우리 은하는 소용돌이 모양 성운으로, 이런 성운은 대부분 무수히 몰려 있는데 성운과 성운 사이에는 거의 진공에 가까운 상태의 공간이 존재해. 우주 전체로 생각하면 물질의 밀도는 1㎤에 수소 원자 1개 정도이거나, 더한 경우 그 10분의 1 정도일 거야.

태양계 부근 우주에 관해서는 천체 관측 데이터나 운석을 분석한 수치에서 어떤 원소가 어떤 비율로 존재하고 있는지 대략 추정할 수 있는데, 이미 여러 번 말한 것처럼 지각 내 존재비와 상당히 달라. 우주 원소 존재비는 추정 수치이기 때문에 데이터를 정리하는 사람에 따라 조금씩 차이가 생길 수 있어, 왼쪽에 제시된 것은 1989년에 E. 엔더스가 작성한 태양계의 우주 원소 존재비 그래프야. 이 그래프는 규소 원자 수 100만 개에 대한 다른 원자 수의 비율을 나타내.

이 그래프를 클라크수와 비교해 보자(그래프의 세로축이 로그 눈금이라는 것에 유의하자.). 또한 우주 존재비와 지각 내 존재비에서 크게 차이가 나는 원소가 무엇인지, 왜 그렇게 되었는지도 한번 생각해 보자.

잘 변하지 않는
금속

백금 Platinum

스페인어 plata(은)에서 나온 이름. Plata는 영어의 plate라는 뜻으로 금속판을 뜻함.

    지구 한 바퀴의 거리가 정확히 40,000㎞라는 사실은 아주 기억하기 쉬워. 그건 물론 우연이 아니라 북극에서 적도까지 거리의 1000만 분의 1을 1미터로 정한 일에서 비롯한 거야. 여러 가지 서로 다른 길이 단위를 통일하기 위해 미터법이 제안된 것은 프랑스 대혁명 직후의 일이야. 정밀하게 측정을 한 뒤, 1미터를 어떤 형태로 남기기 위해 1799년에 '미터원기'라는 기준 자가 만들어졌어. 자를 만들 재료로 사람들이 선택한 것이 바로 오랫동안 보존해도 잘 변하지 않는 백금이었어.

    그 뒤로 미터는 국제 길이 단위로 인정을 받아, 1889년에 국제 기준의 자가 다시 한 번 새롭게 만들어졌어. 그때 선택된 재료는 백금 90%의 합금이었지. 그 당시에 원기가 30자루 만들어졌는데, 그중에서 최초의 원기에 가장 근접한 것이 진정한 원기로 인정되어 파리에 보존되었어. 1미터는 0℃일 때 이 자의 끝에서 끝까지의 길이를 말하는데, 실제 북극에서 적도까지 길이의 1000만분의 1보다 조금 짧아. 일본에서도 이때 만들어진 넘버22라는 원기를 보존했는데, 그 길이는 파리의 원기에 비해 0℃일 때 0.00000078m 정도 짧아.

요즘은 이 원기를 기준으로 1미터를 정하지 않아. 그보다 더 변화에 영향을 받지 않도록 빛이 진공 상태에서 1초 동안 나아가는 거리의 299,792,458분의 1(거의 3억분의 1)을 1미터로 정하고 있어.

백금은 고귀한 이름에 어울리게 길이의 기본이 되는 금속이었는데 이제는 그 자리를 잃어버렸지. 백금은 은백색의 아름다운 광채를 띠고 밀도가 크고 전성도 풍부한 금속으로 금보다도 월등히 가치가 높아. 오스뮴이나 이리듐 등과 비교하면 녹는점이 낮고 연하고 가공도 쉬워. 화학적 저항력도 강하기 때문에 화학 기기 등에 널리 쓰이고 장식품으로도 폭넓게 사용되지.

백금이 반응성이 모자란다고 해도 왕수에 용해되어 생기는 헥사클로로 착이온($PtCl_6^{2-}$)은 매우 반응성이 풍부하고 여러 가지 금속과 착염(이온을 함유하는 소금)을 만들어.

인류가 처음으로
사용한 금속

 금 Gold

옛날 인도유럽어 ghel(황금)에서 나옴. Au는 라틴어의 aurum(금)에서 유래.

드디어 우리는 금속의 왕인 금에 다다르게 됐어. 인류와 금의 인연은 아주 오래 되어서 "거기에 금이 있었다."라는 말로 표현할 수 있어. 『성서』의 창세기에 거의 서두부터 당연한 것처럼 금이 등장하고 있고, 그리스신화에서도 그렇지.

어쨌든 이렇게 세상에 인간이 살게 되었는데 처음엔
죄악이 없는 행복한 시대로 황금의 시대라고 불렸습니다.
– 『그리스 로마 신화』

그리스신화에서는 황금의 시대 다음으로 은의 시대가 도래했고, 그 뒤를 이어 청동의 시대, 철의 시대가 됨에 따라 지상에 악이 생겨나고 사람들이 무기를 들고 서로 싸우게 됐다고 쓰여 있어. 지금도 가장 평화롭고 좋은 때를 황금시대라고 부르지. 금은 화학적으로 불활성이라 쉽게 다른 원소와 화합하지 않아. 또 화합물을 환원시켜 금을 얻기도 쉬워. 그런 성질 때문에 금은 자연 상태에서도 순물질의 금 그대로 존재하는데, 금빛 찬란하게 아름답고 가공이 쉬워서 인류가 처음으로 사용한 금속이 됐지.

수비법(밀도차를 이용하여 금을 분리해 내는 방법)이라는 간단한 분리법을 이용할 수 있었던 것도 금의 이용에 도움이 되었어. 금 하면 뭐니 뭐니 해도 연전성(늘어나는 성질)의 크기가 가장 대표적인 특징이라고 할 수 있어. 금 1g을 선으로 늘려 끌어당기면 무려 2,600m까지 늘일 수 있지. 전성의 경우, 금을 두드려 금박을 정교하게 만들어 가면 $0.1\mu m$ 이하(1만분의 1mm)의 두께까지 만들 수 있다고 해. 이 경우 한 장의 금박 층에 겨우 수백 개의 원자가 나열되는 상태로 속이 비쳐 보일 정도의 얇은 두께야.

실제로 얇은 금박을 빛에 비추어 보면 녹색으로 보여. 금은 녹색보다 파장이 짧은 빛은 흡수하고 파장이 긴 금색을 반사해. 그래서 금에 빛을 비추면 흡수와 반사의 미묘한 굴곡 때문에 녹색으로 보이게 되지. 전자의 움직임을 알면 여러 가지 이치를 이해할 수 있어.

금은 오래전부터 장식품이나 다양한 기구에 사용되었는데, 중요한 것은 화폐로 사용되었다는 거야. 순금은 너무 무르기 때문에 일반적으로 사용되는 금화에는 10% 정도의 구리가 들어 있어(은화에도 구리가 함유되어 있어. 표준 은화는 28% 정도의 구리를 포함하고 있어.).

상온에서
액체인 금속

수은 Mercury

로마신화에 나오는 신의 심부름꾼 Mercurius(그리스신화의
헤르메스)에서 나옴. 수은의 가벼운 움직임에서 유래한 이름.

수은은 상온에서 액체인 유일한 금속이야. 초전도현상이 처음으로
발견된 것도 이 금속으로, 아주 독특한 존재지. 그래도 수은이라고 하
면 '공해의 원점'이라 불리는 미나마타병을 잊어서는 안 돼. 수많은 귀
중한 희생이 헛되지 않도록 우리는 그 역사에서 할 수 있는 한 최대한
의 교훈을 발견하고 이어 가야 해.

1956년 구마모토현의 미나마타만을 중심으로 사라누이해에 접해
있는 어촌 마을에서 어패류를 먹은 사람들이 격심한 중독성 신경 장
애로 고통 받았던 일이 세상에 알려졌어. 좀 더 자세히 살펴보니 많은
사람이 같은 증상으로 고통 받았는데, 공식적인 발견이 있기 전부터
발병했어. 손발이 마비되고 언어장애가 일어나고 시각과 청각도 그
기능을 상실해 결국 사망에 이르는 병이었어.

구마모토대학 의학부 연구팀을 중심으로 원인을 조사했지만, 당시 일본에는 전혀 알려지지 않았던 일이라 진상을 규명하기 아주 곤란했지. 그런데 1959년에 짓소(당시는 신일본 질소) 미나마타 공장에서 배출되는 수은이 독성이 강한 유기화합물(메틸수은) 형태로 인체에 흡수되어 미나마타병을 일으킨다는 사실이 연구팀의 노력으로 알려지게 됐어.

뒤이어 1963년에는 이 메틸수은이 같은 공장의 아세트알데하이드 제조 공정에 촉매로 사용된 수은에서 직접 만들어져 흘러나온 것이라는 사실이 명백해졌지. 원인 규명까지 시간이 7년이나 걸린 것은 회사 측이 책임을 회피하려는 의도로 상세한 데이터를 은폐한 탓이 커. 그뿐 아니라 짓소는 미나마타병이 사회 문제화되는 중에도 아세트알데하이드 생산을 급격히 늘렸어. 당시는 일본 경제가 고도성장을 지향하여 어디에 가도 생산 증가만을 목표로 삼았던 시기였지. 그에 대한 '청구서'가 극심한 환경파괴로 다가온 것을 우리가 지금 몸으로 느끼고 있는 거야. 그 시작점이 미나마타병이지.

이타이이타이병과 마찬가지로 생산에만 관심을 가졌던 정부의 태도 때문에 진상 규명이 늦어져 1965년 이후 제2차 미나마타병이 니가타현 아가노강 유역에서도 이어졌어. 구마모토와 니가타에서 발생한 미나마타병의 원인을 정부가 공식적으로 인정한 것은 그 질병이 발견되고 나서 12년이라는 긴 세월이 지난 뒤였어. 1997년 말에 미나마타병으로 인정된 환자 수는 2,952명(그중 사망자가 1,595명(구마모토, 가고시마, 니가타 포함))인데 실제 피해자는 훨씬 더 많다고 봐야 할 거야.

머리카락을
빠지게 하는 원소

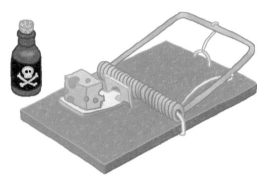

 **탈륨** Thallium

탈륨의 스펙트럼선이 아름다운 녹색으로 나타나서
그리스어 thallos(어린 싹, 작은 가지)에서 따옴.

탈륨은 주기율표에서 알루미늄의 먼 친척으로 갈륨이나 인듐에 가까워. 1가와 3가 화합물을 만드는데, 그 성질은 알칼리금속과 비슷하지. 탈륨 금속은 소듐, 포타슘과 비슷한 연한 회백색으로 칼로 자를 수 있을 만큼 물러. 습기 찬 공기 중에 두면 바로 산화해 버리기 때문에 기름 속에 넣어 보관하지.

탈륨은 유독한 원소로 잘 알려졌어. 흡입하거나 피부에 접촉하면 중독 증상을 일으켜서 머리카락을 빠지게 하고, 심하면 정신이상으로 발전될 수 있어. 탈륨에서 만들어진 황산염이 예전부터 쥐약이나 살충제로 사용되어 왔으니 독성의 강도를 짐작할 수 있지.

애거사 크리스티가 쓴 추리소설 중에 『창백한 말』이라는 작품이 있어. 어느 날 런던의 한 골목에서 살해된 신부가 아홉 명의 이름이 적힌

종이쪽지를 가지고 있었어. 알고 보니 그중 몇 명은 아주 최근에 막대한 유산을 남기고 죽었고, 모두 병사한 것으로 밝혀졌지. 그 배후에 돈을 받고 청부 살인을 하는 조직이 있다는 게 드러나는데, 중심인물은 심령현상을 다루는 마녀들이었어. '과연 심령현상으로 청부 살인을 한다는 게 가능한 것일까?' 하는 의문으로 사건을 더 깊이 파헤쳐 보니 죽은 사람들이 모두 탈모로 고통받고 있었다는 걸 알게 되지.

추리소설의 결말을 공개하는 것은 규칙에 어긋나는 일이므로 그 뒤의 이야기는 여러분의 상상에 맡기기로 할게. 탈륨을 설명하면서 『창백한 말』 이야기를 꺼냈으니 이미 예상되는 게 있을 거야.

이런 이야기는 소설에서나 일어나는 사건일 뿐이라고 생각했는데, 얼마 전 일본의 어느 병원에서 탈륨 중독자가 속출했어. 그 원인이 어느 개인이 의도적으로 투여했기 때문이라는 기사가 신문에 실려서 큰 충격을 주었지. 탈륨염은 피부병 등을 치료할 때 탈모를 촉진하기 위해서 의약용으로도 쓰이는 거야.

탈륨 말고도 화약약품 중에는 독성이 있는 것이 적지 않아. 화학 실험을 할 때는 반드시 약품의 독성과 취급 방법에 대해 정확한 지식을 갖추고, 신중에 신중을 기해 약품을 다루어야 한다는 건 아무리 강조해도 지나치지 않아. 그런 마음가짐을 꼭 새기길 바라.

탈륨(Tl)과 탄탈럼(Ta)을 혼동하는 사람이 의외로 많아. 완전히 성질이 다른 원소이지만 원자번호가 비슷한 탓인지 둘의 원소기호를 자주 혼동하지. 영어나 독일어의 철자도 Tl의 '타'는 Tha, Ta의 '타'는 Ta인 점에 주의하자.

독성이 있는
금속

납 Lead

lead는 앵글로색슨어로 납, Pb는 라틴어 plumbum(납)에서 나옴.

    납의 원소번호 82는 현재 알려져 있는 원자번호 최대의 매직넘버야. 비스무트 – 209라는 예외를 제외하면 그 뒤에는 안정동위원소가 더는 존재하지 않아. 납은 매직넘버의 마법 덕분에 ^{204}Pb, ^{206}Pb, ^{207}Pb, ^{208}Pb라는 4개의 안정동위원소를 갖는데, 뒤쪽의 3개는 자연 상태에 존재하는 납보다 무거운 방사성원소가 붕괴해 이르는 종착역이 되고 있어. 뒤에서 설명하겠지만, 우라늄 – 238, 우라늄 – 235, 토륨 – 232 같이 수명이 긴 방사성 핵종은 차례대로 여러 가지 방사성 핵종을 지나면서 변화를 거듭하다가 마지막에 납이 되어 정착하지.

    이런 점에서 재미있는 걸 알 수 있어. 우리가 납의 원자량이라고 할 때는 현재 지각에서의 납의 동위원소 존재비를 전제로 그 평균을 사용해. 그 대략의 수치는 오른쪽 표에 나타난 대로인데, 그중에는 우라늄이나 토륨이 붕괴해서 만들어진 납도 당연히 포함되어 있어. 그런데 지구가 탄생한 직후를 생각하면 우라늄이나 토륨의 붕괴는 아직 적었을 테니까 납-204(이건 붕괴에 의해 만들어지지 않아.) 이외의 존재량은 훨씬 더 적었을 거고 당연히 동위원소 비율도 지금과 달랐겠지(그런 납을 초생납이라고 해. 그 동위원소 비율의 추정치는 아래의 표를 참고할 것.). 만약 그때 원자량을 측정했다면 지금과 상당한 차이가 있을 거야.

원자량이라는 건 이렇게 시간과 함께 조금씩 변하기도 해. 지금도 우라늄이나 토륨을 다량 함유한 납광물과 순수에 가까운 납광물에서는 납의 동위원소 비율이 달라서 평균치에서 원자량을 산출한다고 해도 상당히 어려워. 오래된 원자량 표와 새로운 원자량 표에서 차이가 나타나는 것도 그런 이유 때문이야.

이걸 반대로 생각해 보면 더 재미있는 걸 알 수 있어. 초생납의 동위원소 존재비와 현재 지각의 평균 존재비의 차이가 지구가 생겨난 후부터 지금까지 얼마나 많은 우라늄과 토륨이 붕괴했었는지를 나타낸다는 거야. 이걸 연대 측정 도구로 이용하면 지구가 생긴 뒤부터 현재까지 어느 정도의 시간이 지났는지를 알아볼 수 있겠지.

한편 금속 납과 그 화합물에는 독성이 있어서 최근에는 환경에 축적된 납(엽총의 탄알 등)이 야생 생물에 끼치는 영향을 걱정하고 있어.

납의 동위원소 존재량(%)

핵종	현재의 지각	초생납
^{204}Pb	1.4	1.97
^{206}Pb	24.1	18.83
^{207}Pb	22.1	20.56
^{208}Pb	52.4	58.62

시간 측정

시간을 측정할 때는 시계를 이용해. 정밀하게 시간을 재려면, 원자나 분자의 진동을 이용하기도 하지. 그 원리는 오래전부터 있었던 모래시계와 같은 것으로, 시간과 함께 일정한 비율로 변화하는 현상을 이용해서 그 변화의 양상을 통해 시간의 경과를 알아내는 거야.

그렇다면, 과거에 있었던 사건의 연대를 밝혀내려면 어떻게 하면 좋을까? 그것도 원리는 같아. 이때 등장하는 게 시간과 함께 규칙적으로 변화하는 현상, 다시 말해 방사성물질의 붕괴야. 이건 원자 혹은 원자핵의 시계를 뜻하지. 시계의 바늘에 해당하는 것이 방사능이야. 그 원리를 탄소 - 14라고 하는 시계를 가지고 생각해 보자.

오래된 토기 안에서 왕겨가 발견됐어. 이 왕겨의 탄소 1g 중에 포함된 탄소 - 14의 원자 수를 N이라고 하자. 토기가 만들어졌던 때(지금부터 t년 전이라고 하면)에 당시의 왕겨가 붙었다고 생각할 수 있는데, 그때 대기 중에 있던 탄산가스에 우주선(宇宙線)과 대기 중의 질소가 반응해서 탄소 1g당 N_0개의 탄소 - 14가 만들어졌다고 하자. 이 탄산가스를 고정

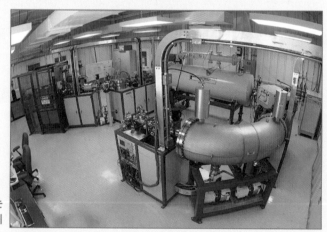

탄소 - 14를 측정하는
가속 질량분석기

해서 벼가 생기고 그때부터 t년 사이에 반감기 5,730년인 탄소-14는 109쪽에 나온 식에 따라서 줄어들었을 테니 아래와 같은 결과가 나와.

$$N = N_0 e^{-0.693t/5730}$$

$$t = \frac{5730}{0.693} \ln \frac{N_0}{N} (\ln은\ 자연로그 = 2.303\ \log_{10})$$

따라서 N은 왕겨의 방사능에서 알 수 있어. N_0를 알면(옛날과 지금은 대기 중 탄소-14의 양이 좀 다르지만 추정할 수 있어.) 연대를 나타내는 t를 구할 수 있는 원리야.

방사능은 고유의 반감기가 있어서 시간을 측정하는 게 쉬울 때도 있고, 어려울 때도 있어. 반감기가 무척 짧은 방사능으로는 아주 오래된 연대를 측정할 수 없고, 반감기가 긴 방사능으로는 짧은 시간을 측정할 수 없어. 대략 반감기와 같은 정도의 길이가 제일 측정하기 좋은 시간의 길이지. 따라서 탄소-14는 수백 년에서 수만 년 정도 이전의 것을 측정할 때 가장 정확도가 높아. 또 탄소는 공기 중에 존재하고 생물에 흡수되어 생물이 죽었을 때 바로 그 양이 고정되기 때문에 고고학의 연대 측정에 적합해. 그 밖에 어떤 연대를 알고 싶은가에 따라 여러 가지 방사능 시계를 생각할 수 있는데, 그중 몇 개는 이미 이 책에서 이야기한 적이 있어.

금속활자에 이용된 원소

비스무트 Bismuth

독일어 wismut는 영어로는 white mass로 '하얀 덩어리'라는 뜻.

앞에서 말했듯이 납은 자연 상태에서 안정적으로 존재하는 원소 중 부피가 큰 편이라 불안정(방사성)이 되어도 이상하지 않은데, 원자번호 82라는 매직넘버의 '매직'으로 구원되었어. 그런 점에서 바로 뒤에 나오는 원자번호 83번의 비스무트-209가 안정하게 존재하는 것은 잠깐만 생각해 봐도 아주 신기한 일이야. 납은 매직넘버 덕분에 질량수 208까지 네 개의 안정동위원소가 있고 비스무트-209보다 납-209쪽이 안정될 거라고 생각되는데 말이야(실제로는 납-209가 붕괴해서 비스무트로 정착해.).

많은 사람이 천연 비스무트가 방사성일 거라고 생각해. 그런데 실제로 방사능 측정을 해 보면 아무것도 나오지 않아. 특히, 이 주변의 원자핵은 부피가 큰 편이라 베타붕괴가 아닌 알파붕괴를 해서 단번에 부피가 작아지는 경향이 있는데, 비스무트에서는 알파선이 나오지 않아. 만약 비스무트가 방사능이라고 해도 그 반감기는 수백경 년(1경은 1조의 1만 배)보다 길 거라는 게 연구자들의 결론이야. 이 경우 실질적으로는 완전히 안정하다고 말해도 좋을 것 같아.

이 안정성의 비밀은 중성자 수의 매직에 있는데, 비스무트 – 209의 중성자 수는 209 – 83=126으로 126개야. 이게 매직넘버에 해당하기 때문에 비스무트 – 209라는 원자핵은 안정이 되고, 비스무트는 자연 상태에서 안정동위원소를 가지는 마지막 원소라는 영광을 누리게 되었지.

비스무트는 통상 구리나 납의 제련에서 부산물로 얻어지는 것으로 우리 주변에서 많이 쓰이지는 않지만, 녹는점이 낮다(271.5℃)는 점에서 합금재로 양철, 활자 합금에 사용되고 있어. 1440년에 구텐베르크가 획기적인 활자 인쇄법을 발견했을 때 이미 활자 합금으로 이 비스무트가 사용되었다는 게 놀라울 뿐이야.

비스무트 금속은 은백색인데 붉은빛이 도는 게 특징이야. 또 전기전도도와 열전도도 모두 금속 중에서 극단적으로 낮아.

처음 발견된 방사능원소

 **폴로늄** Polonium

마리 퀴리의 모국인 폴란드를 기념하여 붙여진 이름.

　폴로늄부터 그다음에 나오는 원소는 자연 상태에서도 모두 방사성을 띠어. 게다가 우라늄과 토륨의 일부 동위원소를 제외하면 모두 수명이 짧은 것들뿐이지. 이렇게 수명이 짧은 방사성물질이 왜 자연에 존재하는지 그 이유는 언젠가 밝혀지겠지만, 아마도 자연계에서의 방사능 구조와 연관되어 있는 것 같아.

　그 구조를 밝혀내는 토대가 된 것이 퀴리 부부의 연구였어. 발명이나 발견은 한 사람의 천재나 영웅이 만들어 내는 것이 아니야. 그 배후에는 사회가 있고 시대가 있으며 수많은 이름 없는 사람의 이야기가 있지. 그런데도 방사능원소에 관해 이야기할 때에는 피에르와 마리 퀴리 부부의 위대함에 감탄하지 않을 수 없어.

　1891년 가을, 24살의 마리 퀴리는 홀로 폴란드에서 파리로 건너갔어. 2년 뒤에 당시 이미 천재 물리학자로 업적을 쌓고 있었던 피에르와 만나서 1895년에 결혼을 하지. 막 결혼한 두 과학자에게 충격적인 뉴스가 전해졌는데, 그건 베크렐의 발견이었어. 우라늄이 방사선을 방출해 사진 건판을 검게 변하게 한다는 것을 발견한 거지. 베크렐은 우라늄이라는 물질과 방사선이 연관되어 있다는 것을 처음으로 발견했던 거야.

퀴리 부부는 우라늄 안에 방사선을 방출하는 물질이 숨어 있다고 생각하고, 그 물질을 순수한 상태로 추출하고자 필사의 노력을 기울였어. 그러다가 1898년에 드디어 우라늄광물 안에서 우라늄보다 훨씬 강한 방사선을 내뿜는 두 개의 물질을 추출하는 데 성공했지. 방사성 물질을 최초로 발견한 거야. 방사능이라는 말도 이때 생겼어.

1898년 7월 연구 보고에서 퀴리 부부는 두 물질 중 먼저 발견한 것에 대해 이렇게 쓰고 있어.

만약 이 새로운 금속의 존재가 확실해진다면, 우리 중 한 사람이 태어난 나라의 이름을 따라 폴로늄이라고 부르고 싶다.

이 이름에는 제정러시아의 압제에 고통받는 조국 폴란드의 사람들에게 보내는 사랑과 더불어 그 지배에 대한 저항의 정신까지 담겨 있어. 실제로 피에르의 구혼을 받고 함께 파리에 남아 과학 연구에 몰두하자는 제안을 받았을 때, 마리는 조국에 돌아가서 조국 해방을 위해 자신을 바치겠다는 결심 사이에서 망설이고 있었어. 결국, 파리에 남았던 일이 항상 마음에 걸렸던 마리는 조국에 대한 부채감을 폴로늄이라는 이름에 드러낸 거지.

비금속 중에서
가장 무거운 원소

아스타틴 Astatine

그리스어 astatos(불안정)에서 나옴.

아스타틴은 자연에 극히 소량밖에 존재하지 않는 원소야. 우라늄 붕괴 과정에서도 미량의 ^{218}At가 만들어지는데 지극히 적은 양이야 (197쪽 도표에는 빠져 있어.).

그 때문에 발견도 늦어져서 1940년에 세그레에 의해 테크네튬처럼 인공적으로 만들어졌어. 세그레가 아스타틴을 만들어 낼 때 선택한 것은 다음과 같은 핵반응이었어.

$$^{209}_{83}\text{Bi} + ^{4}_{2}\text{He} \rightarrow ^{211}_{85}\text{At} + 2^{1}_{0}\text{n} \ (1)$$

이 식의 의미는 화학반응의 경우와 아주 비슷해. 원자번호 83, 질량수 209의 원자핵, 다시 말해 Bi(위 수식의)에 알파입자(질량수 4의 헬륨 = He)이 부딪혀서 원자번호 85, 질량수 211인 아스타틴이 생기고, 중성자(n(위 수식의))가 2개 방출됐다는 뜻이야.

화학반응의 경우 라부아지에가 제창한 '질량보존의 법칙'이 적용되는데, 원자핵반응의 경우에는 아인슈타인의 공식 $E=mc^2$에 따라 일부의 질량 m이 에너지 E로 변하기 때문에 질량보존의 법칙이 엄밀히 성립되지는 않아. 그래도 일반적인 핵반응에서는 반응식의 좌변과 우변에서 질량수(의 합)과 전하(의 합)은 증가하거나 감소하지 않고 보존된다고 생각하는 게 좋아. 식 (1)에 대해 말하자면 질량수는 (좌변 =)209+4=211+2(=우변), 전하는 (좌변=)83+2=85+0(=우변)으로 다시 말해, 식 (1)의 각 기호의 왼쪽 위의 숫자와 왼쪽 아래의 숫자는 각각 식의 좌변과 우변에서의 합이 같아.

이것만 정확히 이해해 두면 핵반응식을 쓰는 것도 결코 어려운 게 아닐 거야. 그건 그렇고 (1)의 반응에서 얻었던 아스타틴은 반감기가 7.2시간인 방사성동위원소였는데 그 성질을 살펴볼 때 할로젠족원소의 성질을 띠는 것이 밝혀져서 주기율표의 85번 위치에 놓이게 되었어. 이 원소에는 반감기가 긴 동위원소가 전혀 알려지지 않았는데, 그나마 제일 긴 것이 반감기가 8.1시간인 아스타틴 – 210이야. 그 때문에 아스타틴의 화학적 성질에 대해서는 별로 알려지지 않았어. 그래도 주기율표에서의 위치에서 알 수 있는 것처럼 제5의 할로젠족원소로서 아이오딘 등과 비슷한 성질을 띠는 건 알 수 있지.

피폭의 원인이 되는 원소

라돈 Radon

'라듐에서 발생한 기체 원소'라는 뜻으로 지어진 이름.

1898년에 퀴리 부부가 미량의 폴로늄과 라듐을 발견했을 때, 라듐에 접촉했던 공기도 방사능을 띠는 것을 알게 됐어. 1900년에 독일의 도른은 이 방사능이 라듐 붕괴로 생겨난 기체성 방사성물질에 의한 거라는 사실을 발견했지.

러더퍼드는 이 기체가 비활성기체 원소에 속한다는 것을 확인했어. 이 사실을 토대로 1910년 그레이가 밀도를 측정하여 이 기체가 비활성기체 중에서 제일 무겁다는 걸 밝혀냈어. 그 결과에 따라 주기율표에서의 위치가 정해지고 라돈이라는 이름이 붙었지.

여기에서 수명이 짧은 방사성동위원소가 자연에 존재하는 구조를 설명해 볼게. 폴로늄(84번)부터 프로트악티늄(91번)까지의 원소가 지니는, 자연에 존재하는 동위원소는 모두 수명이 긴 우라늄이나 토름을 부모로 하여 그 방사성붕괴의 생성물(딸이나 손자 등으로 칭함.)로 생겨난 거야. 우라늄에는 반감기가 45억 년인 우라늄 – 238이라는 동위원소와 반감기가 7억 년인 우라늄 – 235가 있어. 자연 상태의 토륨은 토륨 – 232로 반감기가 140억 년이야. 이 세 개 원소는 수명이 길어서 기나긴 지구 역사 동안 살아남았지.

이들 세 원소는 알파붕괴와 베타붕괴를 반복하면서 변화를 계속하다가 안정한 납의 동위원소에 도달하여 정착해. 알파붕괴로는 질량수가 4개(원자번호는 2개) 감소하는데, 베타붕괴로는 질량수가 변하지 않아(원자번호는 1개 증가해.). 이렇게 변화해 가다 보면 질량수가 4개씩 다른 딸이나 손자가 차례로 생겨나지. 오른쪽 도표에는 우라늄 – 238을 부모로 해서 생겨나는 우라늄계열의 주요 방사능이 나타나 있어.

라돈은 피폭의 주요 원인으로 유엔과학위원회(1993년)에 의하면 인간이 자연 방사선에서 피폭되는 연간 평균 선량 2.4mSv(Sv=시버트, 인체에 영향을 미치는 방사선의 양을 나타내는 국제단위) 중 라돈(– 219와 – 220을 포함)에 의한 게 50% 이상을 차지한다고 해. 그래서 최근에는 라돈 피폭이 적은 집 구조가 검토되고 있지.

우라늄계열
(반감기와 붕괴의 방식)

^{238}U
↓ 45억년 (α)
^{234}Th
↓ 24일(β)
^{234m}Pa
↓ 1.2분(β)
^{234}U
↓ 25만년 (α)
^{230}Th
↓ 8만년 (α)
^{226}Ra
↓ 1600년 (α)
^{222}Rn
↓ 3.8일 (α)
^{218}Po
↓ 3분(α)
^{214}Pb
↓ 27분(β)
^{214}Bi
↓ 20분 (β)
^{214}Po
↓ 0.00016초 (α)
^{210}Pb
↓ 22년(β)
^{210}Bi
↓ 5일 (β)
^{210}Po
↓ 138일(α)
^{206}Pb(안정)

수명이 아주
짧은 원소

프랑슘 Francium

1939년에 프랑스의 펠레가 인공적으로 합성했고,
1947년에 드디어 자연 상태에서 존재가 확인됨.

프랑슘 일족은 모두 수명이 대단히 짧아. 이제까지 4개의 동위원소
가 알려져 있는데, 그중 제일 수명이 긴 프랑슘 – 223마저 반감기가
고작 22분에 지나지 않아. 프랑슘 – 223은 우라늄 – 235를 부모로 하
는 방사성붕괴계열에 속하는데, 프랑슘 중에서 유일하게 자연 상태에
존재하는 동위원소야. 우라늄 – 235를 부모로 해서 시작하는 핵붕괴
의 계열은 악티늄계열이라고 불리는데 그 주된 흐름은 오른쪽 도표에
나타나 있어.

프랑슘처럼 수명이 짧은 물질은 화학적으로나 물리적으로 그 성질
을 좀처럼 알아내기 어려워. 반감기가 23분이라 220분이 지나면 처
음 존재량의 $1/2^{10}$, 즉 1000분이 1이 되고 말거든. 그럼 '처음부터 엄
청나게 많은 양을 사용해 실험하면 되지 않을까?' 하고 생각할 수 있

겠지만, 그렇게 대량의 프랑슘이 손에 들어온다고 해도 곤란한 상황이 벌어질 거야. 어떤 일정량의 물질이 방출하는 방사능의 강도가 반감기에 반비례한다는 건 앞에서 배웠지? 즉, 반감기가 짧을수록 방사는 강도는 커져. 그러니까 반감기가 짧은 프랑슘은 단위 중량(엄밀히는 몰수) 당 방출하는 방사능이 극단적으로 커서 다루기 힘들어.

라듐과 프랑슘을 비교하면 프랑슘 쪽이 대략 4,000만 배나 방사능이 강해. 라듐만 해도 위험하리만치 방사능이 강하다고 할 수 있으니까 프랑슘을 취급하는 게 얼마나 어려울지 대강 짐작할 수 있을 거야.

이렇게 강한 방사능을 다루는 화학은 아무래도 아주 적은 양을 대상으로 하게 되지. 눈에 보이지 않을 정도의 미량을 방사선 계측기에 의지해 실험하는 화학을 방사화학이라고 불러.

프랑슘은 라돈의 닫힌껍질 바깥쪽에 7s 전자가 1개만 배치된 전형적인 알칼리금속원소야. 그 화학적 성질은 복잡하지 않고 세슘과 아주 비슷한데, 수용액에서는 플러스 1가의 양이온 Fr^+으로 존재해.

악티노우라늄계열

^{235}U
↓ 7억년(α)
^{231}Th
↓ 26시간(β)
^{231}Pa
↓ 3.3만년(α)
^{227}Ac 22년
(α) ↙ ↘ (β)
^{223}Fr ^{227}Th
22분(β) ↘ ↙ 19일(α)
^{223}Ra
↓ 11일(α)
^{219}Rn
↓ 4초(α)
^{215}Po
↓ 0.002초(α)
^{211}Pb
↓ 36분(β)
^{211}Bi
↓ 2분(α)
^{207}Ti
↓ 5분(β)
^{207}Pb(안정)

피치블렌드에서 뽑아낸 원소

 **라듐** Radium

라틴어로 radius(방사성)이란 뜻으로 퀴리 부부가 붙인 이름.

앞에서 말했듯이 1898년에 퀴리 부부는 폴로늄과 함께 또 하나의 방사성물질을 발견했어. 이 또 하나의 물질은 바륨과 화학적 성질이 아주 비슷했지만, 두 사람은 그게 새로운 원소라는 걸 의심하지 않았어(라듐은 알칼리토금속에 속해.).

이상 열거한 몇 가지 이유를 근거로 우리는 방사능을 띠는 새로운 물질에 새로운 원소가 포함되어 있다는 걸 믿지 않을 수 없다. 우리는 그 새 원소에 라듐이라는 이름을 붙일 것을 제안한다.
－1898년 12월 연구 노트에서

그런데 이 시점에서는 폴로늄도 라듐도 극히 미량이었고 순수하게 추출된 것도 아니었어. 베크렐과 퀴리 부부의 연구는 방사성물질이 존재하는 것을 확실한 사실로 밝혀냈지만 방사능원소의 확인이라는 점에서는 아직 설득력이 부족했어. 무엇보다 눈에 보이는 형태로 그 물질을 추출하고, 화학적 성질을 규명할 필요가 있었어.

퀴리 부부는 우라늄을 제련하고 남은 찌꺼기를 몇 톤이나 받아 와서 그 안에서 라듐을 추출하려고 엄청난 노력을 기울였어. 초라한 창고와 정원에서 피치블렌드(역청우라늄광)와 싸우는 작업을 하기를 4년, 피에르의 협조를 받은 마리가 드디어 1902년 100㎎ 정도의 순수한 라듐염을 손에 넣었어. 인류가 눈으로 볼 수 있는 형태로 손에 넣은 최초의 순수한 방사성물질이었지. 이미 라듐의 존재를 의심하는 사람은 없었어. 그로부터 4년 뒤 피에르는 마차에 치여 사망하고, 마리는 다시 라듐 연구를 계속하지만 1934년에 죽음을 맞이해. 오랫동안 방사능을 취급한 결과 방사선장애를 일으켜 쓰러졌던 거야.

피에르와 마리가 라듐과 폴로늄을 발견하기 1년 전에 둘 사이에서 태어난 장녀 이렌은 그 뒤 프레데리크 졸리오와 결혼해 제2대 퀴리 부부가 됐지. 이 두 사람은 폴로늄의 알파선을 붕소나 알루미늄에 접촉시켜 처음으로 인공방사성물질을 추출했어. 부모들은 천연방사능을, 그 아이들은 인공방사능을, 그것도 부부가 함께 발견했던 거야. 자식들의 성공 소식을 들었던 그해에 마리 퀴리는 숨을 거두었어.

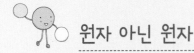

원자 아닌 원자

우주의 어딘가에 반입자로 만들어진 '반대' 세계가 있어서 거기에서 찾아온 우리와 꼭 닮은 생김새의 반인간이 손을 내밀어 인간과 악수한다. 그 순간에 폭발을 일으켜 물체는 모두 사라지고 그 뒤 지구에는 오직 빛만이 남는다.

SF소설에 나올 법한 이야기이지? 그런데 실제로 우리가 사는 세계에는 현재 존재하는 원자 이외에 완전히 다른 종류의 원자나 분자가 존재하지 않는 것일까? 그에 대한 대답은 분명히 존재한다는 거야.

앞에서 방사능을 설명하면서 양전자를 방출하는 붕괴에 관해 이야기했어. 양전자라는 건 양전하를 가진 전자, 실제로 이건 전자의 반입자(주어진 입자에 대해 질량과 스핀이 같고 전하 등의 내부 양성자 수가 반대인 입자)를 말해. 이 양전자와 전자는 서로 만나면 소멸해 버리고 그 뒤에 두 줄기의 감마선이 남게 되지. 서로 만난 순간부터 사라질 때까지의 사이에 이 양전자와 전자는 오른쪽 그림과 같이 공통의 중심을 돌면서 잠깐 만남을 즐기는 거야. 1단위의 정전하를 가지는 양전자를 원자핵으로 간주하면 이 상태는 바로 수소와 같다고 할 수 있어. 가장 중심에 있는 건 양성자보다 훨씬 가벼운 양전자여서 그 양상은 아주 달라도, 다른 전자처럼 화합물도 만들어.

양전자는 영어로 포지트론이라고 하는데 그 원자는 포지트로늄이라 부르고, 기호는 Ps라고 쓰지. 포지트로늄은 예를 들어, $Ps + Cl_2 \rightarrow PsCl + Cl$ 이라는 반응으로 염산과 비슷한 화합물을 만들어 낸다는 사실이 알려져 있어. 이 원자의 수명은 겨우 1000만분의 1초 정도라 생기는 즉시 바로 소멸해 버리는데, 원자나 분자를 이론적으로 고찰하는 데 중요한 존재야.

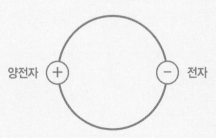

포지트로늄

양전자 ⊕　　　　　　⊖ 전자

또 하나의 '원자 아닌 원자'는 우주선(cosmic ray, 우주 공간에 있는 에너지가 높은 방사선) 중간자의 한 성분으로 양전하를 띤 뮤온과 전자가 만드는 뮤오늄이야. 물론 이것들 또한 아주 짧은 수명밖에 누리지 못해. 뮤오늄에 국한되지 않고 양전하를 가지는 소립자와 전자는 수명이 짧다고 해도 이론상으로는 원자와 같은 상태를 만든다고 여겨져서 여러 가지 관측이 이루어지고 있어.

한편 뮤온에는 음전하를 띠는 것도 있어. 이것이 보통 원자의 전자 일부와 바뀌면, 마이너스의 뮤온이 전자의 역할을 하는 뮤온 원자라는 독특한 '원자'도 생기지. 또 다른 발상에서 완전히 새로운 '원자'를 생각할 수 있을 때가 올지도 모르겠어.

란타넘과
비슷한 원소

악티늄 Actinium

그리스어 actis(방사선)에서 나옴. 퀴리 부인의 든든한 조력자였던 드비에른이 발견.

악티늄에서 시작해 로렌슘까지의 15개 원소를 악티늄족이라 부르는데, 이들은 란타넘족과 함께 주기율표의 제7주기 3A족에 모여 있어. 그 이유는 란타넘족의 경우와 완전히 같고, 그 차이점은 란타넘족 원소가 안쪽에 있는 4f궤도에 전자가 하나씩 더 들어가 채우는 것에 비해 악티늄족원소는 5f 전자가 그 역할을 하고 있다는 거야.

바깥쪽 전자배치가 기본적으로 같아서 악티늄족도 서로 아주 비슷한 화학적 성질을 보이고, 기본적으로 +3가의 이온이 안정돼. 단지, 90번 토륨부터 95번 아메리슘까지는 서로 성질이 그렇게 비슷하지는 않아. 란타넘족과 다르게 3가부터 7가까지의 상태가 나타나.

악티늄족원소는 모두 방사성으로 그중 92번인 우라늄까지는 자연 상태에 존재하는데, 뒤에 있는 원소는 수명이 짧고 인공적으로만 만들 수 있어.

악티늄족은 수명이 짧아. 제일 수명이 긴 것이 악티늄 – 227로, 반감기가 22년이야. 이건 우라늄 – 235이 붕괴하는 도중에 생겨나는 방사능인데 1899년에 처음 발견된 것도 이 동위원소야. 화학적 성질은 주기율표에서도 알 수 있듯 대체로 란타넘과 아주 비슷해.

아래표에 악티늄족원소의 금속이 띠는 주요한 특징을 정리해 봤어(99번 이후는 잘 알 수 없어.). 많은 양을 다루는 것이 어려운 만큼 악티늄족에 대해서는 아직 잘 알려지지 않은 것도 많아(괄호 안의 숫자는 불확실성이 큰 것). 전부 방사성이라는 성질을 띠고 있어서 일반적인 재료로서 악티늄족이나 그 화합물이 이용되는 일은 이후에도 없을 거야. 전적으로 핵발전과 관련된 용도가 중요하다고 할 수 있어.

원자번호	원소	밀도(g/㎤)	녹는점(℃)	끓는점(℃)
89	악티늄	10.06	1050	3200
90	토륨	11.72	1750	4788
91	프로트악티늄	15.37	1568	(4027)
92	우라늄	19.1	1132	4131
93	넵투늄	20.45	640	4174
94	플루토늄	19.82	640	3228
95	아메리슘	13.67	1176	2607
96	퀴륨	13.51	1340	3110
97	버클륨	14.78	986	2627
98	캘리포늄	15.1	900	1470

악티늄족의 주된 성질

악티늄족
원소들

90 Th **토륨**
Thorium

91 Pa **프로트악티늄**
Protactinium

　악티늄족원소는 가장 새롭게 인류에 알려진 원소이고 특히 넵투늄 이후의 원소는 인류의 역사에서 보면 최근에 생겨나 얼마 되지 않은 원소야. 최근 활발한 연구가 진행되고 있는데, 아직 충분하게 밝혀지지는 않았어. 토륨의 동위원소 중에서 제일 수명이 긴 토륨-232(반감기 140억 년)는 지구와 태양계의 역사가 이루어지는 동안 충분히 살아남아서 비교적 많은 양이 지상에 존재하고 있어(토륨의 클라크수 순위는 38위).

　1828년에 베르셀리우스가 토라이트에서 발견하고 토륨이라고 이름 붙였어. '토르(Thor)'라는 건 스칸디나비아의 '천둥의 신'을 말해. 물론 발견 당시에는 방사성이라는 성질 등에 대해서 알려지지 않았어. 토륨을 부모로 해서 여러 가지 방사성원소가 생겨나는데 그 붕괴계열을 토륨계열이라고 불러.

　프로트악티늄은 우라늄–235가 붕괴해서 생겨
난 원소로, 그리 알려지지 않았고 실용성도 없는
원소야(프로트악티늄이라는 건 '악티늄의 부모'
라는 뜻인데 붕괴해서 악티늄이 되지.). 그래도
내게는 잊을 수 없는 원소이기도 해. 대학을 나와
서 독자적인 연구 주제를 선택하게 됐을 때 이 프
로트악티늄을 선택했거든.

　그때 프로트악티늄의 산화물인 PaO_2를 용해하
려 해도 좀처럼 용해되지 않았어. 플루오린화수
소산(플루오린화수소의 수용액)을 더하자 용해되
기는 했는데, 이후 작업을 생각해서 황산이나 염
산 용액으로 바꾸자 그 순간 이상한 것이 돼 버린
거야. 용액 그대로 며칠 내버려 두니까 곧 콜로이
드(어떤 물질이 미립자가 되어 용액 중에 분사되
어 떠 있는 상태)가 돼서 비커의 유리 벽에 붙어 버
리고 말았어. 다시 용액을 여과해 보니 상당 부분
이 침전된 걸 알 수 있었지. 난 지금도 원소 중에서
이 정도로 괴상한 녀석은 없을 거라고 생각해.

토륨계열

^{232}Th
　↓ 140억 년(α)
^{238}Ra
　↓ 5.8년(β)
^{228}Ac
　↓ 6.1시간(β)
^{228}Th
　↓ 1.9년 (α)
^{224}Ra
　↓ 3.7일 (α)
^{220}Rn
　↓ 56초 (α)
^{216}Po
　↓ 0.15초 (α)
^{212}Pb
　↓ 10.6시간(β)
^{212}Bi
　↓ 1시간(β)
^{212}Po
　↓ $3 \times 10-7$초 (α)
^{208}Pb(안정)

핵무기에
쓰이는 원소

 **우라늄** Uranium

1789년에 발견되었을 때, 당시 발견된 천왕성(Uranus)에서 딴 이름.

핵분열 현상의 발견에 이르는 드라마는 이미 간단히 다뤘어. 우라늄이 "탁!" 하는 소리를 내며 커다란 파편으로 갈라지는 것은 전혀 예기치 않았던 일이었는데, 알고 나니 '콜럼버스의 달걀'처럼 당연하게 받아들일 수 있게 되었지.

우라늄 동위원소 중 핵분열을 일으키는 건 우라늄 - 235인데, 자연에 0.7% 정도밖에 존재하지 않는 원자핵이야. 이것에 중성자가 접촉했을 때의 모습을 생각해 보자. 우라늄 - 235의 원자핵을 물방울(a)과 같다고 상상해 보는 거야. 이것에 중성자가 닿으면 물방울이 흔들려서 변형되어 그림 (b)와 같이 되지. 거기서 더 변형이 진행되면 (c)처럼 되고, 마침내는 (d)처럼 두 개의 조각으로 갈라지고 말아. 그렇게 되어야 안정되기 때문이야. 이게 핵분열의 구조인데 이 안정화로 인해서 방대한 에너지가 풀려나. 원래 우라늄 – 235라는 원자핵은 부피가 너무 커서 변형된 물방울 같은 존재라 분열을 일으키기 쉬워.

이 방대한 에너지가 파괴적인 핵무기와 핵발전에 쓰이고 있는 것은 이미 알고 있을 거야. 숯이 탈 때 나오는 에너지는 화학결합의 에너지인데, 우라늄이 탈(핵분열을 일으킬) 때 뿜어져 나오는 에너지는 핵자들 사이의 결합에너지야. 두 개의 핵자를 결합하는 힘은 두 개의 원자를 결합하는 힘에 비해 대강 100만 배나 더 커. 이게 바로 핵에너지가 지니는 강력함의 비밀이야.

알고 보면 우리의 몸도 우리를 둘러싸고 있는 자연도 기본적으로는 화학결합으로 이뤄져 있어. 그리고 '핵' 이전에는 숯이나 석유의 연소, 여러 가지 물질의 생산, 농업이나 어업 등, 기본적으로 화학결합의 범위 안에서 인간 생활이나 자연이 꾸려져 왔어. 이 기본을 '핵'이 완전히 바꾸어 놓았지. 핵에너지는 지금까지의 자연계와는 완전히 다른 거대함과 강력함을 보여 주었어.

핵무기의 문제, 핵발전 계획의 증가, 다른 한편으로는 핵발전소가 일으킬 수 있는 큰 사고에 대한 공포, 계속 쌓여 가는 방사성폐기물이 주는 불안감 등등, 인류가 과연 핵에너지와 공존할 수 있을까 하는 질문도 그 거대함과 강한 파괴력에서 나오는 거야. 이 문제는 여러분들의 장래를 결정하는 문제이기도 하니까 스스로가 많이 배우고 토론하고 판단하기를 바라.

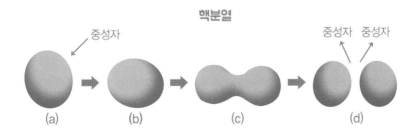

핵분열

중성자

중성자   중성자

(a)   (b)   (c)   (d)

최초의
초우라늄원소

넵투늄 Neptunium

해왕성(Neptune)에서 나온 이름. 그 유래는 로마신화의 넵튠(=그리스신화의 포세이돈.)

과학도 인간이 행하는 거라서 실수나 착각 등도 적지 않아. 때로는 연구자가 자신의 편의에 맞게 데이터를 위조하는 사례도 몇 번이나 있었어. 나중에 코페르니쿠스에 의해 뒤집히기는 했지만 정교한 천동설 체계를 완성한 그리스의 천문학자 프톨레마이오스의 논리 체계는 많은 관측 사실을 잘 설명하는 뛰어난 것이었어. 그러나 자신의 설을 유리하도록 관측하지도 않은 별의 움직임을 본 것처럼 기술했던 것이 최근 연구에서 밝혀졌지.

선두 다툼이 격렬한 세계이기 때문에, 업적을 쌓기에 급급해서 증명되지 않은 사실을 공표하는 예도 최근에는 적지 않아. 그래서 신문 등에 실리는 "발명!"이나 "발견!"에 대한 뉴스도 보도되는 사실 그대로 받아들일 수만은 없어.

이탈리아의 위대한 물리학자 페르미는 파시즘의 폭풍이 휘몰아치는 이탈리아에서 미국으로 망명해 최초로 원자로를 만든 인물이야. 원자로가 움직이기 시작했을 때 "이탈리아의 선박이 신대륙을 발견했다."라는 암호문을 정부에 타전했다는 유명한 이야기가 있지.

이탈리아에 있을 때 페르미는 중성자를 여러 가지 원자핵에 충돌시켜 자연 상태에는 존재하지 않는 수많은 방사성 핵종을 만들었어. 페르미는 1934년에 우라늄에 중성자를 충돌시켜 반감기가 다른 네 개의 방사능을 만들어 냈지. 이 중 두 개는 우라늄의 동위원소라고 생각되었는데, 페르미는 나머지 두 개를 원자번호 93번에서 94번 원소의 동위원소라고 믿었어. 그게 사실이라면 대단한 발견이었어. 우라늄 다음 원소는 초우라늄원소로 불리는데, 그 초우라늄원소의 발견이 이루어진 셈이니까.

그런데, 페르미가 발견했다고 생각한 93번 원소는 실제로는 환영에 불과한 거였어. 우라늄이 중성자와 반응해 일으켰던 건 나중에 오토 한이 밝혀낸 핵분열이고, 그때 생겼던 건 핵분열 생성물인 방사능이었어. 누구도 핵분열의 가능성을 생각하지 못했던 시대라 페르미가 착각했던 것은 어쩔 수 없는 일이었을 거야. 그렇다 해도, 뛰어난 이론가였던 페르미가 그때 진지하게 사건의 진상을 규명하고자 했다면 단번에 핵분열을 규명하는 단계까지 다다랐을지도 몰라.

넵투늄은 1939년에 미국의 맥밀런과 에이벨슨 두 사람이 우라늄에 중성자를 충돌시켜 만들어 냈어. 인류 최초의 초우라늄원소였지.

세상에서 가장
독성이 강한 원소

플루토늄 Plutonium

넵투늄의 다음이라 플루토(명왕성)를 기념하여 붙인 이름.

한편에서는 과학기술에 커다란 기대가 모이고, 또 한편에서는 과학 기술의 파괴적인 힘에 많은 사람이 불안감을 느껴. 너무 많아서 남아 도는 물질이 고철처럼 버려지는가 하면, 많은 사람이 굶주림에 허덕 이며 죽어가는 게 우리가 지금 사는 사회야. 또 하루하루 다가오는 핵 전쟁의 공포가 밀려드는 핵의 시대이기도 하지. 그런 현대를 잘 상징 하는 것이 플루토늄이야.

플루토늄은 1940년 말부터 1941년 초에 걸쳐서 캘리포니아대학의 시보그에 의해 합성되었고, 그로부터 1년 반 정도 뒤에 1μg(100만 분 의 1g) 정도의 플루토늄이 추출됐어. 이거야말로 인류가 처음으로 눈 으로 볼 수 있는 형태로 추출한 인공원소였어.

1945년 7월에는 대량으로 생산된 플루토늄이 핵폭탄에 주입되어 미국 뉴멕시코주 사막에서 폭발했어. 인류 최초의 핵폭탄이었지(그로부터 3주 뒤에 플루토늄폭탄이 나가사키를 공격했어.). 아직도 핵무기에 가장 많이 쓰이는 핵물질이 플루토늄이야. 게다가 최근에는 플루토늄을 핵발전소의 미래 연료로 우라늄을 대체해서 이용하려는 움직임이 있는데, 그 적절성에 대해서는 격렬한 논쟁이 계속되고 있어.

플루토늄의 동위원소 중 대표적인 것은 플루토늄 – 239로 반감기가 2만 400년인 알파 방사체야. 핵분열성 덕분에 핵무기를 생산하기 가장 쉬운 물질이고 핵연료로도 이용될 수 있지. 플루토늄 – 239의 또 다른 특징은 독성이 매우 강하다는 거야. 방출하는 알파선의 성질과 인체에 흡수되면 오랜 기간 잔류한다는 점 때문에 "이 세상에서 가장 독성이 강한 원소"로 불리기도 하지. 폐에 들어가면 폐암의 원인이 되지만, 폐의 유입 허용량은 4000만 분의 1g이라는 극히 소량이야. 플루토늄이라는 이름이 붙여진 것은 우연이었는데 그게 "지옥의 왕(플루토)인 원소"라는 뜻이었다는 게 의미심장해.

대형 핵발전소에서 우라늄을 연소하면 매년 약 200kg의 플루토늄이 부산물로 생산돼. 이걸 한 번 더 연료로 연소시켜 발전할 수 있고 연료를 유효하게 이용할 수 있다는 게 플루토늄 이용의 계획이야. 이를 위해 고안된 특수한 원자로가 고속증식로지. 그런데 기술적인 어려움과 플루토늄을 대량으로 사용하는 것에 따르는 심각한 문제 때문에 고속증식로에 대한 계획이 지금으로서는 세계 차원에서 폐기되려하고 있어. 그걸 대신해서 잉여 플루토늄을 소각하는 방법으로 플루토늄을 우라늄에 섞어서 혼합핵연료(MOX)로 태우는 계획이 적절한지에 대해 현재 각국의 관심이 쏠리고 있어.

맨해튼 프로젝트에서
발견된 원소들

아메리슘
Americium

퀴륨
Curium

　1942년쯤에 미국의 핵폭탄 제조 계획인 '맨해튼 프로젝트'가 본격적으로 시작되었어. 많은 과학자와 기업이 동원되어 놀랄 만한 속도로 농축우라늄과 플루토늄을 사용한 핵무기를 완성했는데, 95번 원소와 96번 원소의 발견에 의외로 노력이 많이 들어갔어. 새로운 핵물질을 구한다는 의미에서 플루토늄보다 무거운 원소의 연구가 정력적으로 이루어졌는데, 화학적 성질을 확인해서 새로운 원소로 판정하기까지 시간과 노력이 걸렸던 거야.

　그 이유는 화학자들이 95번과 96번 원소는 플루토늄과 비슷할 거라고 예상했음에도 불구하고 꼭 그렇지만은 않았기 때문이야. 초우라늄 원소의 가장 안정한 원자가는 넵투늄이 5가, 플루토늄이 4가야. 그리고 아메리슘 이후에는 오히려 전형적인 악티늄족으로 란타넘족과 아주 비슷한 3가의 상태가 보통이 돼. 아메리슘 이후는 그것과 주기율표에서 대응하는 란타넘족과 아주 비슷한 성질을 나타내지.

이런 사실이 알려진 뒤 1944년이 되어서야 사이클로트론을 이용해서 아메리슘과 퀴륨을 합성하고 확인했어. 이들의 이름도 대응하는 란타넘족원소에서 따서 붙여진 거야. 즉, 유로퓸에 대응해서 아메리슘, 가드리늄에 대응해서 퀴륨(퀴리 부인을 기념해서)이 된 거지.

아메리슘에 가장 많이 있는 동위원소는 아메리슘-241로 반감기가 433년인 알파 방사체야. 핵발전소에서 사용이 끝난 연료봉에 쌓인 플루토늄-241의 딸에 해당하기 때문에 많은 양이 생산돼. 저렴한 비용 때문에 현재는 빌딩의 연기 감지기로 널리 쓰이고 있어. 아메리슘이 부착된 금속판 앞에 연기가 다가오면 공기 중에서 전리되는 이온의 수가 증가해. 이 이온을 전류로 검출하는 구조야.

그런데 아메리슘이나 퀴륨도 알파 방사선을 방출하는 독성이 강한 원소야. 그 독성에 대해 신중하게 고려하지 않고 비용이 저렴하다는 이유로 안이하게 사용하고 있는 건 아닌지 생각해 볼 일이야. 큰 빌딩이라면 몇만 개나 되는 연기 감지기가 사용되니까 그게 마음에 걸려.

초우라늄원소는 긴 수명과 강한 독성 때문에 핵발전의 결과로 생기는 방사성폐기물 중 가장 처리가 어려운 방사능이야. 폐기물 관리에 몇만 년 이상의 시간이 걸리는 건 주로 이 방사능들 때문이야.

캘리포니아대학
연구팀이 만든 원소들

97 — Bk · 버클륨
Berkelium

98 — Cf · 캘리포늄
Californium

초신성 폭발이 무거운 원소 합성의 열쇠가 됐던 건 이미 이야기한 적 있어. 그렇다 해도 초우라늄원소의 합성과 초신성이 직접 연결된 일은 아주 흥미롭지.

초신성은 별이 하나의 생애가 끝날 때 일어나는 폭발 현상으로, 이 때의 밝기는 태양의 100억 배나 된다고 해. 역사상 유명했던 건 1054 년에 일어난 초신성 폭발로 지금도 그 흔적이 황소자리의 게성운(황소자리에 있는 가스 성운)으로 남아 있어. 일본에서도 후지와라 노테이카의 『명일기(明日記)』(1235년)에 기록을 남기고 있는데, 1054년 4월에 객성(초신성)이 출현해서, 매일 밤 2시가 넘으면 황소자리의 제타성(천관성) 옆에서 목성(세성)과 같이 밝게 빛난다는 내용이야.

중국에서는 눈으로 관측한 내용을 상세한 기록으로 남겼는데 그 광

도는 반감기가 50~60일에 걸쳐 줄어들었대. 그 외에도 치코의 별 (1572년), 케플러의 별(1604년), 버디의 별(1938년)과 함께 초신성 기록이 4개 남아 있는데, 이들 모두 광도가 줄어드는 모습이 1054년 의 초신성과 아주 비슷해. 그리고 일부 천문학자들은 이 반감기가 캘 리포늄 – 254의 반감기(60일)와 아주 일치한다고 지적했어. 다시 말 해 초신성의 바깥쪽에서 캘리포늄이 생겨 그 방사능으로 빛나고 있었 다는 거야. 하나의 가설이지만 아주 흥미로운 설이야.

그 캘리포늄 – 245의 방사능이 다시 변하는데, 자발핵분열이라고 해서 중성자가 있는 것도 아닌데 스스로 핵분열을 해서 부서지는 거 야. 그 붕괴에 따라 생기는 에너지는 알파붕괴보다 훨씬 크지. 그 큰 에너지가 "객성(일정한 곳에 늘 있지 않고 일시적으로 나타나는 별)" 을 비춰 빛나게 했던 게 아닐까 하는 생각이 들어.

버클륨은 1949년에, 캘리포늄은 1950년에 둘 다 캘리포니아대학 연구팀이 각각 아메리슘과 퀴륨에 헬륨을 충돌시켜 만들었어. 둘 다 발견지(캘리포니아대학의 소재지는 버클리시)를 딴 이름이지.

죽음의 재에서
발견된 원소들

99 **Es** 아인슈타이늄
Einsteinium

100 **Fm** 페르뮴
Fermium

이들 원소가 발견된 경위는 학생 시절 수업에서 배웠어. 그 당시 나는 단순히 '재미있는 에피소드'로만 생각했지. 그 에피소드가 실은 우리 과학자가 처한 힘든 상황과 관련이 있고, 단순히 재미있는 일로 여기고 지나칠 수 없다는 걸 알게 된 건 족히 수십 년 뒤의 일이었어.

아인슈타이늄과 페르뮴 역시 1953년부터 1954년 사이에 캘리포니아대학 연구팀에 의해 발견됐어. 미국이 1952년 태평양의 에니웨톡 산호초에서 했던 수소폭탄 실험으로 발생한 죽음의 재에서 나왔지.

이 수소폭탄의 '방아쇠'에는 농축우라늄이 사용된 것 같아. 먼저 핵분열 폭발로 수소를 고밀도로 고온의 상태를 만들어 내고, 그걸 이용해 중수소(질량수 2의 수소의 동위원소) 등의 핵융합이 일어나게 해서 더 큰 폭발을 만들어 내는 거야. 그때 중성자가 대량 발생하는데,

이 중성자가 한 번에 몇 개씩 우라늄에 흡수되면 초우라늄원소도 일부 생겨.

당시 핵폭발 뒤에 생긴 버섯구름 속을 비행한 비행기에 일부 방사능이 흡수돼서 그때까지 존재하지 않았던 초우라늄원소의 존재가 밝혀졌어. 그 뒤 산호초의 산호가 1t이나 회수돼서 화학 처리되는 과정에서 아인슈타이늄과 페르뮴이 발견됐지.

바로 그 실험으로 엘게럽섬은 "흔적도 없이 사라져 버렸다. 섬이 있었던 장소는 폭 1.6km, 깊이 70m의 구멍이 바닷물로 가득 채워진 채 새까맣게 펼쳐진"(마에다 태쓰오 『기민의 군도』) 상태가 되었지. 실험 때문에 퇴거당한 남태평양 미크로네시아 제도의 주민은 돌아갈 고향을 잃었고, 그중 많은 사람이 나중에 암으로 고통받았어. 그런 상황은 지금까지도 이어지고 있어(또한 그 2년 뒤에 비키니섬에서 있었던 수소폭탄 실험은 일본 어선 제5 후쿠류마루에도 죽음의 재를 떨어뜨려 희생자를 냈어.).

이 비극의 와중에 문자 그대로 '죽음의 재' 안에서 새로운 원소가 발견된 거야. 그 두 가지 사실을 각각 알고 있으면서도 그걸 분리해서 생각하고 있었던 나 자신의 어리석음이 한심하게 느껴졌어. 그런 무지함이 허락되지 않을 정도로 절박한 상황이 현대 과학을 둘러싸고 펼쳐지고 있어.

만년에 핵무기 철폐에 노력을 기울였던 아인슈타인의 이름이 99번 원소에 붙여진 것은 참 얄궂은 일이라는 생각이 들어.

합성하기
어려운 원소들

101 Md
멘델레븀
Mendelevium

102 No
노벨륨
Nobelium

103 Lr
로렌슘
Lawrencium

새롭게 합성된 초우라늄원소에 가속기를 사용해서 입자를 충돌시키면 더 무거운 원소를 합성할 수 있어. 그렇다면 '원소는 어디까지 무거워지고 거대해질 수 있을까?' 하는 의문이 생기는데, 그리 단순한 문제가 아니야.

이 부근 원소들의 원자핵은 현저하게 불안정하고 그 합성이나 확인도 간단치 않아. 예를 들어서 101번 원소 멘델레븀은 미국의 시보그 연구팀이 아인슈타이늄에 알파 입자를 충돌시켜 합성했는데, 그 원래 형태인 아인슈타이늄은 1조분의 1g 이하이고, 생성된 멘델레븀은 단지 5개의 원자에 그쳤다고 해. 이런 상황이면 생성된 아주 수명이 짧은 방사성원소의 극소량을 가지고 화학 분리를 해서 그 성질에 따라 새로운 원소로 판정하는 것 자체가 어렵고 혼란스럽지. 최초의 실험은 1955년에 있었는데, 실제로 확인된 건 1958년의 논문에 의해서야 (검출된 건 멘델레븀 – 256). 102번 원소 노벨륨은 스웨덴의 노벨 물리연구소에서 1957년에 합성했다고 보고되어 이름이 지어졌는데, 미국이나 구소련의 과학자들이 그 '발견'은 잘못 확인된 거라고 이의를 제기했지. 스웨덴, 미국, 영국의 실험에서도 가속기에서 퀴륨에 탄소 이온을 충돌시켜 102번 원소를 합성했는데, 아주 적은 몇 개의 원자가 확인된 정도였고 제대로 된 확인은 1960년대에 들어서고 나서야 이뤄졌어.

103번 원소 역시 캘리포니아대학 연구팀이 캘리포늄에 붕소 이온(^{11}B)을 충돌시키는 실험으로 합성했고(^{258}Lr), 사이클로트론을 발명한 미국의 로렌스를 기념해 그 이름을 붙였지. 악티늄족은 103번 원소를 마지막으로 끝이 나. 주기율표 제7주기 3A족의 15개의 원소 이야기가 마무리된 거지.

101~103번은 어떤 원소라고 할 거 없이 모두 수명이 짧아서 그 화학적 성질에 관한 연구를 진행하기가 아주 곤란하지만, 일단 대응하는 란타넘족원소와 비슷한 성질을 띤다고 확인되고 있어.

101~103번 원소의 주된 동위원소

동위원소	반감기	주된 변형 형식
Md −255	27분	EC, α
−256	1.30시간	EC, α
−258	1.00시간	EC
No −254	55초	α,EC,SF
−255	3.1분	α,EC
−256	3.3초	α
−259	58분	α,EC
Lr −256	28초	α, EC
−258	4.3초	α
−260	3분	α,EC

α − α붕괴   EC − 전자포획   SF − 자발핵분열

그 밖의
원소들

104 Rf
러더포듐
Rutherfordium

105 Db
두브늄
Dubnium

106 Sg
시보귬
Seaborgium

107 Bh
보륨
Bohrium

108 Hs
하슘
Hassium

109 Mt
마이트너륨
Meitnerium

여기부터는 주기율표의 새로운 칸, 4A족의 제7주기가 시작돼. 이제까지 주기율표에서 빈칸으로 되어 있던 부분이지. 화학의 진보라고 해야 할까? 지금까지 이야기해 왔던 것에서 알 수 있는 것처럼 이 부분에 자리하고 있는 원소의 합성과 확인은 무척 어려운 문제야. 확인이 된다고 해도 우리 모두 사용할 수 있을 만한 공유재산이 될 것 같지 않다는 것이 아쉬워. 화학적 성질을 확인하기도 어렵지.

그런데도 일단 IUPAC(국제순수응용화학기구)는 1997년에 109번 원소까지는 원소명을 확정하고 그것에 기초해서 명칭도 정했어. 이름의 유래 중에서 두브늄은 러시아의 핵연구소가 있는 두브나(지명)를, 하슘도 그것의 합성에 성공한 연구소가 독일 헤센주에 있던 걸 기념해서 이름 붙여졌어. 마이트너륨은 독일 과학자 오토 한의 공동 연구자로 핵분열의 발견에 공적이 있었던 여성 물리학자(유대인으로 독일군에 의해 추방된) 이름에서 따온 거야. 그 밖의 원소들도 각각 러더포드, 시보그, 보어 등 유명한 과학자를 기념하고 있다는 걸 쉽게 알 수 있을 거야.

현재까지의
발견

1997년 이후 110번, 111번, 112번의 원소 이름이 차례로 다름스타튬, 뢴트게늄, 코페르니슘으로 결정됐다. 110번 원소 다름스타튬(Darmstadtium, Ds)은 원소가 발견된 도시 이름에서, 111번 원소 뢴트게늄(Roentgenium, Rg)은 엑스레이의 발명자 뢴트겐의 이름에서, 112번 원소 코페르니슘(Copernicium, Cn)은 지동설로 유명한 폴란드의 천문학자 코페르니쿠스의 이름에서 따온 것이다. 이 세 원소는 모두 독일 다름슈타트에 있는 GSI 헬름홀츠 중이온연구소에서 인공적으로 만들어 낸 것이다.

2012년에는 114번과 116번 원소의 이름이 각각 플레로븀(Fl), 리버모륨(Lv)으로 결정되었다. 114번과 116번은 이 두 원소를 공동 연구를 통해 발견한 미국 연구 기관이 위치한 지명(리버모어)과 러시아 연구 기관을 설립하는 데 이바지한 물리학자의 이름(플레로프)에서 각각 따왔다. 2016년에 IUPAC(국제순수응용화학기구)는 7주기의 마지막 4원소의 이름을 공식적으로 발표했다.

113: 니호늄(Nihonium), 2004년 일본 연구진
115: 모스코븀(Moscovium), 2004년 미국/러시아 합동 연구팀
117: 테네신(Tennessine), 2010년 미국/러시아 합동 연구팀
118: 오가네손(Oganesson), 2010년 미국 연구진

113번에 처음으로 아시아(일본) 발견 원소가 들어갔고 일본(Nihon)을 따서 이름을 붙였다. 115번 원소는 공동 연구가 이뤄진 러시아 수도 모스크바의 지명을 딴 '모스코븀(Moscovium)'으로, 117번 원소 역시 연구 거점이었던 미국 테네시주의 지명을 따 '테네신(Tennessine)'으로 명명됐다. 118번 원소는 발견에 공이 컸던 러시아 과학자 유리 오가네시안의 이름을 따 '오가네손(Oganesson)'으로 명명됐다.

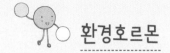
환경호르몬

원소에 직접 관련된 이야기는 아니지만, 화학과 환경에 관련해서 세계적으로 중대한 문제가 밝혀지고 있어. '환경호르몬'이라고 하면 아마도 이 책을 읽는 독자들은 그 대강의 내용을 알고 있을거야. 불과 수년 만에 이 말은 아주 유명해졌어.

정확하게는 (외인성)내분비교란화학물질(EDC)이라고 불리는 일련의 화학물질로 모든 동물의 호르몬 작용, 특히 생식기능을 교란하는 작용을 하는 호르몬과 아주 닮은 인공 화학물질이야. 호르몬이라는 건 원래 동물의 몸속에서 만들어지고 동물조직의 여러가지 움직임을 촉진하거나 조절해. 그 작용 방식을 보면 화학반응을 좌우하는 촉매와 같은 역할이라고 할 수 있어. 성장을 촉진하는 호르몬도 있고, 성적인 성숙이나 발정 시기를 조절하거나, 배아가 발달해 가는 단계에서 여러 장기의 기능 분화를 꾀하는 등 아주 작은 양의 물질이 대단히 중요한 역할을 하지.

그런데, 어떤 종류의 인공 물질이 몸속에서 이 호르몬과 닮은 역할을 하게 되어 동물의 여러 가지 기능이 크게 어지럽혀지는 거야. 무엇보다 성에 관련된 호르몬이 어지럽혀진다는 사실이 밝혀졌어. 예를 들어 사람의 정자 수가 줄어들거나, 바다 고둥의 암컷에 수컷 생식기가 나타나고, 악어의 알이 극단적으로 작아지고, 수컷 생식기가 극단적으로 작아지는 등의 현상이야.

세계적인 차원에서 이 문제를 최초로 고발하고 경고했던 것은 『도둑맞은 미래』라는 책인데, 이 책은 「세계자연보호기금(WWF)」이라는 NGO(비정부 조직) 환경단체의 회원인 콜본 박사 등에 의해 쓰였어. 책에 담긴 내용은 제목 그대로 환경호르몬이 이제까지 우리가 한 번도 상상하지 못했던 방식으로 우리의 미래를 빼앗아 가려고 한다는 거야. 게

다가 그 원인이 되는 건 바로 우리가 여러 가지 생활의 편의를 위해 만들어 낸 화학물질이라는 거지.

환경호르몬으로 작용한다는 것이 이미 확실히 밝혀지거나 혹은 의심되는 화학물질은 다이옥신, 폴리염화바이페닐, DDT 등 수도 없이 많아. 최근에는 식기에 사용되는 폴리카보네이트에서 녹아 나오는 비스페놀A 등도 확인되고 있어서 그 위험이 우리 주변에 더 가깝게 다가온 듯한 느낌이야.

화학을 악마처럼 대하고 싶기도 한 시대지만, 이런 상황이기 때문에 더더욱 젊은 세대는 끊임없이 '지구의 미래를 되찾기 위한 화학'을 찾는 노력을 해야 하지 않을까 하는 생각이 들어.

생각한다는 것
고병권 선생님의 철학 이야기
고병권 지음 | 정문주 · 정지혜 그림

탐구한다는 것
남창훈 선생님의 과학 이야기
남창훈 지음 | 강전희 · 정지혜 그림

기록한다는 것
오항녕 선생님의 역사 이야기
오항녕 지음 | 김진화 그림

읽는다는 것
권용선 선생님의 책 읽기 이야기
권용선 지음 | 정지혜 그림

느낀다는 것
채운 선생님의 예술 이야기
채운 지음 | 정지혜 그림

믿는다는 것
이찬수 선생님의 종교 이야기
이찬수 지음 | 노석미 그림

논다는 것
오늘 놀아야 내일이 열린다!

이명석 글 · 그림

본다는 것
그저 보는 것이 아니라 함께 잘 보는 법
김남시 지음 | 강전희 그림

잘 산다는 것
강수돌 선생님의 경제 이야기
강수돌 지음 | 박정섭 그림

시민과학자
다카기 진자부로 선생님의
원소 이야기

2020년 7월 1일 제1판 1쇄 인쇄
2020년 7월 10일 제1판 1쇄 발행

지은이 다카기 진자부로
옮긴이 최진선
그린이 정인성, 천복주
펴낸이 김상미, 이재민
편집 송미영
디자인 아이디스퀘어, 정수연
종이 다올페이퍼
인쇄 청아문화사
제본 국일문화사
펴낸곳 너머학교
주소 서울시 서대문구 증가로20길 3 - 12 1층
전화 02)336 - 5131, 335 - 3355 팩스 02)335 - 5848
등록번호 제313 - 2009 - 234호
사진 출처 Wikimedia Commons

너머북스와 너머학교는 좋은 서가와 학교를 꿈꾸는 출판사입니다.